JN000252

STARGAZING
Hiroaki Ohno
Tsukasa Enomoto

星を楽しむ

双眼鏡で 星空観察

大野裕明　榎本 司

月、星、彗星、星雲・星団、
星座をめぐって星空さんぽ

はじめに

　今夜もいつものように、きれいな星空が見えます。穏やかなようであっても、星がチカチカと瞬きます。星が光り輝いていることさえ不思議なのに、なぜ瞬いているのでしょう。このこと一つとっても、星空は謎が多いものです。

　きれいな星空は肉眼だけで眺めているのもいいですが、ぼうっと見える光芒が何であるのかを双眼鏡をのぞいて探ってみませんか。双眼鏡が1台あるだけで、星空の世界がもっと広がることでしょう。

　昆虫採集や植物鑑賞の分野では、小さ過ぎて目で確認できないものはルーペを使い、ミジンコなどは顕微鏡を使います。のぞいてみるとまるで別世界です。昆虫は触角が複雑に入り組んでいたり、植物の花の雄しべや雌しべなどもルーペで見ると細かいところまで見えます。池のどろっとした緑色の水をプレパラートに一滴たらし顕微鏡でのぞいてみると、ミジンコやゾウリムシなどが生き生きと動き回っています。

　一方、星空の観察でなくてはならないものが双眼鏡です。私たちの頭上にはきれいに輝く星空が広がっています。双眼鏡をこの星空に向ければ、倍率1倍である肉眼の見え味を何倍にも何十倍にも拡大してくれます。人間の目の瞳の大きさ（レンズ）は平均で7mmです。双眼鏡のレンズはその何倍、いや何十倍にもなり、暗い星ぼしの光をたくさん集めてくれて、よりいっそう明るくしてくれます。

　私もこれまで数多くの双眼鏡を所有していました。不意に落として壊してしまったことも幾度かあります（壊れてしまった双眼鏡は分解して内部の仕組みを調べるのに使いました）。変わった双眼鏡の使い方としては、天体望遠鏡に取り付けることもあります。天体望遠鏡に付いているファインダーは倒立像

のため、星図と実際の星空とを見くらべるのがたいへんです。そこで、双眼鏡をファインダーのように取り付けておけば広視界でしかも正立像なので、星ぼしの並びがわかりやすくて具合がよいというわけです。現在、星の村天文台の65cm反射望遠鏡にはファインダーの役割を担う双眼鏡が1個取り付けてあります。私はその双眼鏡で、密かに低倍率の星空の美しさを楽しんでいます。

　本書では、市販されている中で代表的な双眼鏡を紹介しました。ここに紹介できなかったメーカーや双眼鏡もまだまだ数多くありますが、自分で双眼鏡を購入したいという方々の道しるべとなるように、大まかな特徴やいかに楽しむかなどを紹介しています。

　また、双眼鏡は天体観察用に買ったからといって星空探訪ばかりでなく、多様で幅広い使い方ができます。アウトドアではピクニックに出かけたり、登山あるいはスポーツ観戦に、そして演劇やコンサートにも使えます。私も美術館や科学館に行くときには必ず小型の双眼鏡を持っていきます。小型ですとかなり手前までピントが合うので、近寄ることのできない美術品などの精細なところまで見ることができるのです。

　一人一台とまではいかなくても、家の玄関先や茶の間に双眼鏡を置いて、いつでも手に取れるようにしておきましょう。そしてきれいな星空を眺め、そしてすばらしい天文現象があったなら、その都度すぐに双眼鏡を向けてみてください。

2020年2月

星の村天文台台長　大野裕明

CONTENTS

第1章 双眼鏡の使いかた

第2章 太陽系の観察

第3章 # 星空の観察

第4章 星空観察星図

第5章 双眼鏡の選びかた

第1章

双眼鏡の使いかた

双眼鏡で楽しむ星空観察

星空の観察には、「肉眼での観察」「双眼鏡での観察」「望遠鏡での観察」「写真撮影」などさまざまな方法があります。一番気軽な観察方法は道具を何も使わず肉眼で眺めることですが、見えるものはかなり限られます。もう少しよく星空を観察してみたいと思ったときにおすすめなのが、双眼鏡を使った星空観察です。双眼鏡でできる星空の観察は、月、恒星、惑星、星座や星の配列、星雲や星団、彗星、小惑星、流星痕など、いろいろあります。

肉眼で星座さがしをしている中で、何となくぼんやりと見える天体が、星

だろうか、もしかして星雲だろうか、と疑問に思うことはよくあります。そんなとき、すかさず双眼鏡を取り出して疑問に思ったあたりに向けてみましょう。すると、ぼんやりと見えたものは、いくつかの星が集まっていたものだったり、星雲だったりと正体がわかります。星空の地図、星図を片手に確かめれば、その天体の名称もわかるはずです。

私が天体観測をする際にはいつも傍らに2〜3台の双眼鏡を置いておきます。疑問に思ったときには、低倍率の7倍で広視界の双眼鏡で観測し、それ以上の確認が必要な場合は倍率が10倍以上の双眼鏡で観測をします。また、移動が多い場合には小型のものを首からぶら下げて、いつも持ち歩きます。だんだん暗くなってくると、空には星ぼしが現われ始めます。双眼鏡を使えば、肉眼より一足先に星が観測できます。夜も更けて満天の星が輝くと、本格的な星空観察のスタートです。夏であれば、天の川の銀河の中心方向、冬であれば、オリオン大星雲（M42）は

● **望遠鏡販売店のショールーム** 双眼鏡は日本全国の望遠鏡販売店やカメラ店が取り扱っています。ショールームでは直接のぞくことができ、実視界や倍率、グリップ具合なども確認できるのがうれしいです。

明らかに見えます。アンドロメダ大銀河は、条件さえよければ肉眼でも見えるものですが、双眼鏡ではちゃんと楕円形に見えます。そのほか、おうし座のすばる（プレヤデス星団）も、双眼鏡でぜひ眺めてみてほしい対象です。

　双眼鏡を片手に星空観察をしていると、時間が経つのはあっという間です。世の中の騒がしい音も聞こえなくなり、静寂の中に星だけが明るく輝き、瞬いています。そんな時間を過ごしていると胸がスーッとするものです。

双眼鏡について知ろう

いろいろな双眼鏡

　双眼鏡は星空観察ばかりでなく、スポーツ観戦やバードウオッチングにも欠かせないものです。一台持っているとさまざまな場面で役立ちます。

　双眼鏡には代表的な形式が3種類あります。構造とともに紹介しましょう。

ポロプリズム双眼鏡

　この方式は1854年にイタリア人のポロによって発明されたものです。その名をとってポロプリズム双眼鏡といい、2個のプリズムで光軸を曲げ、像を正立にしています。外観は少々大きめでワイドになっています。最近では少ないタイプですが、往年のスター的存在で愛用者は多いです。

ダハプリズム双眼鏡

　このタイプのプリズムは屋根型で、ドイツ語の「屋根」からきている言葉が「ダハ」です。この屋根型のプリズムの組み合わせで光軸が一直線になります。その分、ボディがスリムになって、手にもフィットしやすくなっています。近年の双眼鏡はこのタイプが主流となっています。

ガリレオ式双眼鏡

　天体望遠鏡でもガリレオ式がありますが、視野が狭く見づらいのが現状です。この双眼鏡は焦点を短くし、対物

● ダハプリズム 双眼鏡

● ポロプリズム 双眼鏡

● ガリレオ式双眼鏡

● ポロプリズム双眼鏡

接眼レンズ

ポロプリズム

対物レンズ

● ダハプリズム双眼鏡

接眼レンズ

ダハプリズム

補助プリズム

対物レンズ

レンズを大きくすることで倍率2〜3
倍で広い視界を得ている双眼鏡です。

双眼鏡の構造

上の図は、それぞれの双眼鏡の構造を
図解したものです。このようにプリズ
ムが所定の位置に綿密に調整され、光
軸が狂わないようになっています。衝
撃を与えないようにし、取り扱いに充
分注意してください。もしプリズムの
位置が狂ったら素人判断では直せない
ので、メーカーに修理を依頼しましょ
う。

双眼鏡のスペック

双眼鏡の製品スペックはカタログに記載された数値を見ることで、どのような性能を持つ双眼鏡であるかおおよそわかります。双眼鏡に限らず、店員さんに聞いて性能を確かめるのもいいのですが、まずは自分で調べてみましょう。

その双眼鏡の口径や倍率がわかるよう、ほとんどの商品で、口径と倍率が表示されています。下の例では、「10×42 WATERPROOF」とあります。この「10×42」の表示の意味は、倍率10倍、対物レンズの有効径42mmを意味しています。「WATERPROOF」は双眼鏡の仕様で、防水（ウォータープルーフ）を意味します。

倍率　　双眼鏡の仕様

対物レンズ有効径のmm数

倍率

双眼鏡を購入する際に気にする人が多い項目です。倍率は、対象物がどれだけ近くで見えるかを表わします。

距離÷倍率＝接近距離

たとえば8倍で100m先のものを見た

ときには　100m÷8＝12.5m
10倍では　100m÷10＝10m

となります。つまり8倍では12.5mまで接近して見たときの大きさ、10倍ですともう少し近い10mまで接近したときの大きさに見えることになります。

8倍  12倍  20倍

有効径（有効口径）

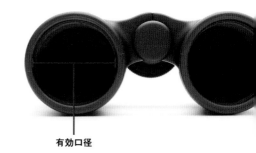

有効口径

見ようとする対象物がある側のレンズを「対物レンズ」とよびます。双眼鏡は、対物レンズを通過して結んだ実像を接眼レンズで拡大して見ています。対物レンズは枠で固定されていますが、その枠内の直径を有効径といいます。このレンズが大きくなるほど、光を集める能力が大きくなるので、像が明るく、かつ解像度も上がり、星を見るときには有利になります。ただし、口径が大きくなればそれだけ双眼鏡が大きく、重くなります。

コーティング

双眼鏡のレンズやプリズムにはコーティングが施されています。

レンズを光が通過するとき、レンズの表面（入射面）や裏面（射出面）で光が一部反射してしまい、通過する光量が減ってしまいます。そのため像が暗くなったり、像のコントラストに悪影響がおよび、星の像がくっきりと見えなくなります。そのような影響を各種のコーティングによって解消しています。各社でそれぞれの工夫とよび名がありますが、レンズはほぼマルチ（多層膜）コートです。高級機のプリズムにはフェイズコートが施されている場合があります。

なお、レンズの硝材自体の種類もいろいろあり、成分や表示もさまざまです。ED（特殊低分散）ガラスなどの特殊ガラスを使用している高級機種もあります。

実視界と見かけ視界

双眼鏡の利点は視野が広いことです。視界の狭いものと広いものでいくつか双眼鏡をのぞくと気付くように、もちろん広い方が良い印象を受けます。

実視界は、双眼鏡を動かさない状態で見ることのできる範囲を対物レンズの中心から計った角度です。実視界角度が大きいほど視野は広くなり、もちろん広い方が観察しやすくなります。ただ、倍率が高くなれば実視界は狭くなります。

双眼鏡には倍率と口径が表示されています。また、実視界の数値も表示されていますから、参考にしてください。p.98 〜 113の星図には、7度の視野の双眼鏡で見てほしいポイントを表示しています。

見かけ視界は、双眼鏡をのぞいたときの視野がどれくらいの広さがあるかを角度で示したものです。見かけ視界が広いと、観察するときに視野の中をぐるりと見渡せるほどよく見えます。ぐるりと見渡す方はいないと思いますが、見かけ視界が広いと観察していて気分がよいです。

とにかく数値にとらわれず、双眼鏡が店頭に並んでいたなら実際にいくつかのぞいてみてください。

見かけ視界の計算式

$\tan \omega' = \tau \times \tan \omega$

見かけ視界：ω' 倍率：τ 実視界：ω

● **実視界と見かけ視界**

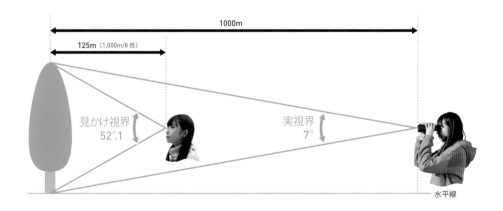

1000m

125m（1,000m/8 倍）

見かけ視界 52°.1

実視界 7°

水平線

見かけ視界の広さは、光学系の組み合わせによっても違ってきます。

一般的な双眼鏡の視野ですと、煙突の中から見ているような感じになります。広角ですと広い範囲が見え、動きの速いスポーツ観戦にも向きます。超広角は明るさも明るくなりますから、夜空の淡い天の川観察にも最適です。

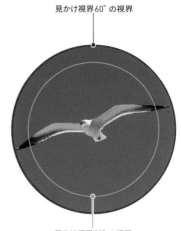

見かけ視界60°の視界

見かけ視界50°の視界

1000m先の視界

双眼鏡の視界について、どのくらいの範囲が見えるかの表示の方法として「1000m先の視界」があります。

たとえば倍率が10倍であれば、物体を1/10の位置に引き寄せて見た感じです。1000m先の木や建物を見たときに、100mの位置から見た大きさ

と同じであることになります。

計算してみると、実視野7度の双眼鏡で見たとき、1000m先の木の高さは123mになります。横を考えると、幅123mの大地の広さということになります。

● **1000m先の視界**

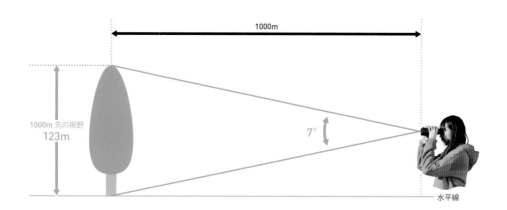

1000m

1000m先の視野
123m

7°

水平線

15

眼幅とアイレリーフ

人の目の幅（目幅）はそれぞれ違うものです。　双眼鏡は両目でのぞくことができる構造になっていて、真ん中の軸を折り曲げ、自分の目幅に合わせられるようになっています。この操作をしないと対象物が二重に見え、目が疲れてしまうことになります。

合わせるときは、目幅を測って双眼鏡を折り曲げるのではなく、実際に目に当てて折り曲げたりもどしたりして、視野がダルマ型のような二重でなく、一つの円形になるまで幾度か繰り返してください。

● 目幅と双眼鏡の眼幅を合わせる

ひとみ径　　　　　眼幅

アイレリーフ

メガネをかけたままで視野全体が見渡せるか、ケラれ（視野の端が暗くなる）ていないかが購入するときの大事なポイントです。裸眼で接眼部から目（ひとみ）を離していき、視野全体が見渡せなくなるポイントと接眼レンズの間隔をアイレリーフといいます。この間隔が長いものをハイアイポイント（ハイアイ）とよびます。この間隔がほぼ15mm以上あれば長時間観察しても目が疲れにくく、メガネをかけたままでも広い視野で観察できます。ただし個人差もあることを付け加えておきます。ハイアイポイントの場合、裸眼の方は接眼部を浮かせる状態にすることで、ゴム見口を上下させて調整できるようになっています。

ひとみ径

接眼レンズ側をほぼ30cm離してみると、中に丸く白い光が見えます。この大きさがひとみ径です。双眼鏡によって微妙に大きさが異なり、大きめの方が明るく見えます。

人のひとみ径は平均して7mmです。ひとみは暗いところではより明る

く見ようとひとみが大きくなり、明るいところでは絞るように小さくなります。明暗差によって自動的に調整をしています。暗いところでは全開になっているひとみなのに、双眼鏡のひとみ径が3.0mmと小さいとその分しか光が入らないので暗くしか見えません。7.1のように明るい数値のものを使いたいですね。

● ひとみ径が小さい

ひとみ径＝対物レンズの有効径÷倍率

たとえば、10×30の双眼鏡の場合は

　30÷10＝3

　数値が3なので暗く見える

7×50の双眼鏡の場合は

　50÷7＝7.1

　数値が7.1なので明るく見える

● ひとみ径が大きい

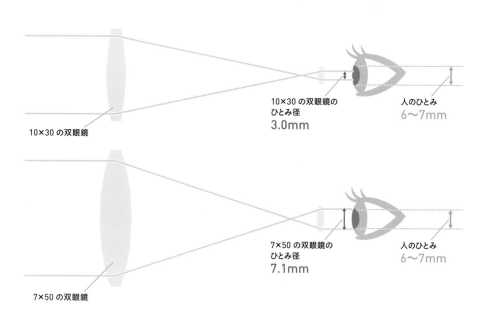

10×30の双眼鏡

10×30の双眼鏡の
ひとみ径
3.0mm

人のひとみ
6〜7mm

7×50の双眼鏡

7×50の双眼鏡の
ひとみ径
7.1mm

人のひとみ
6〜7mm

双眼鏡で注意しておきたい像の見えかた

　気軽に持ち歩ける双眼鏡は天体観察には欠かせない存在です。精密光学機器として、ていねいに扱ってください。

　双眼鏡の代表的な光学系には、ポロプリズム型、ダハプリズム型、それにガリレオ式があり、それぞれ特徴を持っています。双眼では、単眼で見るのと違って、よりクリアーに見えるような気がします。また風景を見るとわかるように奥行きを感じ、構造物が立体的に見えます。

　双眼鏡は、単眼鏡（正立像で見える望遠鏡）が2本平行に取り付けられている状態なので、それぞれの単眼鏡でずれがなく、まったく同じ物を見ている状態に調整しなければなりません。双眼鏡メーカーで調整された状態がいつまでも保てればよいのですが、双眼鏡の使い方や保管の状態により、見え方にいろいろな変化が生じます。

● 光軸のズレ

2本平行にセットされた単眼鏡が、双眼鏡に衝撃が加わると、光軸が狂ってしまい、見ている像にずれが生じます。光軸が狂った状態では像が二重になり目が疲れます。ひどい場合には目を傷めてしまうので、このような状態での双眼鏡の使用は止めましょう。

● プリズムのズレ

双眼鏡内のプリズムは固着剤などで固定しています。双眼鏡を落としてしまった場合など、その衝撃でプリズムが動いてしまうことがあります。この場合も左右の像が一致しません。かならずメーカーに修理を依頼しましょう。

収差なし　　　　　　　糸巻き型収差　　　　　　たる型収差

レンズのゆがみ（歪曲収差）

この画像はレンズ構成による像のゆがみ方の違いです。ビルの外壁などを見ると、見ている双眼鏡のゆがみ方が、どのような性質を持っているのかがわかります。一番左側はゆがみが少なく、交差する線はすべてまっすぐで、とても優れた双眼鏡です。中央は直線が外側に湾曲している糸巻き型収差。右側は、視野の中央が膨らんでいるように見えるたる型収差とよばれています。

● 色収差

レンズ構成上の収差です。光がレンズを通過するとどうしても波長のずれが生じ、これが色のずれとして現われます。

● 鮮明さ

色収差などが出ないように光学系を考慮して、高級なレンズや、コーティングが施されています。レンズのくもり、双眼鏡内のカビの発生などがあると、クリアーに見えない場合があります。

● コントラスト

レンズやプリズムにはコーティングが施されています。メンテナンスでむやみに拭いてコーティングやレンズその物に傷をつけると、コントラストの低下を引き起こします。またカビの発生も一因となります。

双眼鏡の使いかた

CF式双眼鏡

人間の両目はそれぞれ視力（視度）が違うため、左右のピント調整を行なわないと目に負担をかけることになります。

双眼鏡のピント調整には2種類あります。そのうちの一つ、CF（Center Focus；中央繰り出し）式双眼鏡は、中央のピント調整リングを回転させることで、無限遠の星にも、手前の木々や鳥にも即座にピントを合わせることができます。CF式は、IF式よりも気軽にピント調整ができます。

ピント調整
ダイヤル
（ポップアップ）

ストラップ
取付部

目当て

接眼レンズ

ボディ
（鏡筒）

● ダハプリズム型

対物レンズ

1 接眼目当ての調整

　メガネをかけていると、双眼鏡をのぞくことはできないのではないかと思う方がいます。しかし双眼鏡は、ピント調整さえすればメガネをかけた状態でも、メガネを外してもピントを合わせられます。

　ピントを合わせる前に、双眼鏡の接眼部の目当ての位置を調整します。

　接眼レンズの手前の見口を回転さ

せ、上下できるようになっているので、メガネをかけない方の場合は上げて、かけている方の場合は下げます。また、見口がゴムになっている方式もあります。その場合は折り曲げて下げることで調整できます。なお、折り曲げた状態のままにしておくと、ちぎれてしまうことがあるので注意しましょう。

ポップアップ式：裸眼で使うときは、目当てを引き出します。

ポップアップ式：メガネをかけて使うときは、目当てを回して押し込みます。

ゴム見口：裸眼で使うときは、ゴム目当てを立てます。

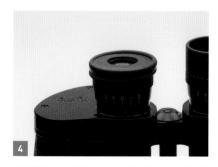

ゴム見口：メガネをかけて使うときは、ゴム目当てを外側に折り返します。

2 眼幅の調整

双眼鏡と天体望遠鏡との違いは、簡単にいえば、双眼鏡には小型の望遠鏡が2本付いているものと思ってください。ですから、双方を調整しなくてはいけません。

まずは眼幅の調整です。人の目幅は人によって違います。双眼鏡はどの機種でも真ん中の軸から曲がるようになっています。接眼レンズをのぞきながら折り曲げて視野の円を一つにしましょう。眼幅が合っていないと、のぞいた視野がダルマ型に見えます。

● **眼幅の調整**

両手で双眼鏡を持ち、両目でのぞきながら、双眼鏡を開閉して眼幅を合わせます。左右の視野（円）が一つの円になればOKです。

● **眼幅が合っている場合**

左右の視野が一つの円になります。

● **眼幅が合っていない場合**

中心部が見にくくなったり、周辺部がケラれたりします。

3 左右の視度調整

　誰でも、左右で視力は違うものです。この調整を怠ると、「この双眼鏡はピンボケで頭が痛くなる！」と双眼鏡を放置したり、どちらかの対物レンズに蓋をして片側で見てしまっているケースもあります。自分の目に最良の設定をすることで、天体をじっくり見ることができます。

　一度きちんと合わせれば、次回からは同じことを繰り返す必要はなく、真ん中のピント調整ダイヤルを回すだけでどんな対象にでもピントが合います。ただし、家族や友達に貸す場合は、同じような調整をしなくてはいけません。そして、それぞれピントが合ったところの目盛の位置を覚えておけば、違う双眼鏡の場合でもその目盛りを合わせることで調整ができます。

左目でのぞきながらピント調整ダイヤルを回して、ピントを合わせます。

ピント調整ダイヤルのポップアップを引き出して、右の調整に切り替えます。

右目でのぞきながらピント調整ダイヤルを回して、ピントを合わせます。

ピントが合ったら、引き出したポップアップを元にもどし、見たい対象で再度ピントを合わせます。

IF式双眼鏡

IF（Individual Focus;単独繰り出し）式双眼鏡は、ピント合わせが少々狂うと観察が継続できなくなってしまいます。この形式の双眼鏡は、真ん中の軸のところにピントリングがなく、左右それぞれ単独でピントを合わせます。接眼部の視度調整リングを回して、ピントを調整します。

まず、対象天体を左目でのぞいて左の接眼レンズの手前の回転部分を動かし、星が点になるようにします。次に、右目で見たときも同様の操作をしまます。この操作は左右どちらにも順番はありません。なお、IF式双眼鏡は天体には一度合わせればどこの星でもピントは合いますが、手前の木や鳥に合わせようとすると、再度調整をしなくてはいけなくなります。

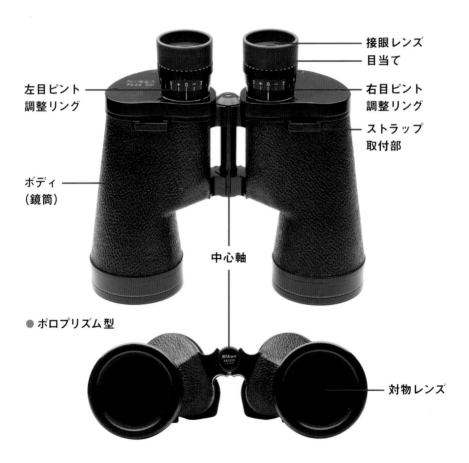

接眼レンズ
目当て

左目ピント
調整リング

右目ピント
調整リング

ストラップ
取付部

ボディ
（鏡筒）

中心軸

● ポロプリズム型

対物レンズ

1 接眼目当ての調整（→p.21）　**2 眼幅の調整**（→p.22）

3 左右のピント合わせ

左目でのぞきなが
らピントリングを
回して、ピントを
合わせます。

右目でのぞきなが
らピントリングを
回して、ピントを
合わせます。

双眼鏡の構えかた、導入のしかた

双眼鏡の良いところは、軽くてコンパクト、そして何より"手持ちで観察できる"ことです。長時間観察する場合や大型で倍率の高い双眼鏡は、三脚に取り付けます。しかし、手持ちの場合はあなた自身が三脚の役割をします。

ポロプリズム型、ダハプリズム型のどちらの場合でも、双眼鏡の持ち方は軽く握り、肘（ひじ）をしっかり体に寄せて双眼鏡をのぞくことです。肘を開くと双眼鏡の重さがより重く感じ、ふらついてしまい、長時間の観察ができなくなってしまいます。日中の風景をのぞいて見て、構えかたの感覚に慣れてください。

双眼鏡には、倍率が高くても天体望遠鏡のようにファインダーは付いていません。そのため、目的の天体を視野の中に導入するには「習うより慣れろ！」という言葉どおり、幾度も同じこと、同じ動作を繰り返すことによって身に付けましょう。

双眼鏡の視野は8倍でほぼ7度ありますが、どのくらいでしょうか。たとえば満月の大きさは1/2度です。つまり2個分で1度ですから、満月がほぼ14個視野の中に入る広さになります。意外と広いですね。

それでは、導入してみましょう。最初は、対象の天体に双眼鏡を向けてみても、偶然に入ることはありますが、なかなか入らないものです。その場合は、次のように行なってみてください。**①双眼鏡を胸のあたりで構える　②見たい天体を目視する　③頭を動かさない　④そのまま双眼鏡を目に当てる**

この流れで行なえば、天体を見ることができます。これも日中の風景で慣れておくと、暗いところでの星空も楽に導入できるようになるでしょう。

● 構えかたの悪い例

● 構えかたの良い例

手持ちで見られるのが双眼鏡の良さです。肘を
体に寄せるようにすれば、目的天体に向けて楽
に観察できます。

ベランダの手すりなどに肘をついて観察すれば、
三脚に取り付けなくても長時間、視界が揺らぐ
ことなく細かい天体も観察できます。

双眼鏡には重いものもありますが、軽く握ることがコツです。

双眼鏡を三脚に取り付ける

　昼間の風景とは違って、星空は淡いものばかりです。しかし、暗い星をじっくり観察しようとすると、手で持っていると手振れが生じ、なかなかよく見えません。そのようなときには、ベランダの手すりなどに肘をついて見ると安定します。

　しかし、肘をつくところがなかったらどうしましょう。その場合は、やは

り三脚に取り付けて見ることをおすすめします。メーカー各社からはさまざまな形態のビノホルダー（双眼鏡を三脚に取り付けるための器具。メーカーによってよび名が違う場合があります）が販売されています。

　写真で見ていただけるように、ビノホルダーの中央軸の前や中ほどに取り付けできるネジ穴があります。落下さ

● ビノホルダーのいろいろ

ミザールテック

ニコン

高橋製作所

ビクセン

ビクセン

28

せないように注意しながら、双眼鏡に
ビノホルダーを取り付け、さらに三脚
にがっちりと固定してください。

　このときに注意しなくてはいけない
のは、他社のもの同士では取り付けら
れないものがあるということです。購
入するときには自分の双眼鏡と三脚に
合うものかどうか必ず確かめてから購
入しましょう。なお、口径の小さい双
眼鏡などは取り付け不可能なものもあ
ります。

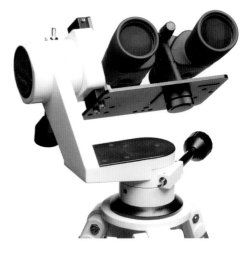

望遠鏡の経緯台に大きめの双眼鏡が取り付けら
れるようなプレートが用意されています。上下
左右微動ができ、便利です。

三角の上下クランプをカメラを取り付けるときの
ように手前にすると、ある程度の角度でそれ以
上、上がらなくなります。

対策として、上下クランプを逆向きに双眼鏡を
取り付けます。そうすることによって頭上にも
楽に向けることができます。

29

頭上高い星ののぞきかた

　頭上高く昇ったフォーマルハウトやすばるは、眺めるのに苦労します。まして双眼鏡を向けるのはたいへんで、あきらめがちです。頭上高い星に双眼鏡を向けて見るにはどうしたらよいでしょうか。

　寝っ転がって見るのも一案です。しかし、地面が乾燥していればいいのですが、きれいな星空は雨上がりのときも多いですし、雪が積もっていたらアウトです。シートでも敷いて観察するのがよいでしょう。

　しかし、ここでは、立ったままで観察する方法を考えましょう。写真撮影

● 腰を傷めない ように

このような姿勢で頭上を見るのはたいへんです。腰を傷めてしまいます。何かに寄りかかって見てもいいでしょう。

で使っている三脚や、ビデオ撮影で多く見かける一脚を使うと、頭上の星も楽に見ることができます。

● 三脚の活用

自分の身丈にあった三脚を用意します。上下できるエレベーターが付いていれば、三脚にあごがぶつからない状態で頭上の星が見られます。

● 一脚の活用

自分側に少々倒した角度で一脚を立てて観察します。とても楽で、どの方向にも自由自在に角度が変えられて、私の一番おすすめです。

第 2 章

太陽系の観察

月の観察

私たちに一番近い天体の月は古くからなじみ深く、童話や民話、唄などに詠まれたり歌われたりしてきました。地球からほぼ38万4400kmにある月は地球の大きさの1/4です。これは、約1億5千万km離れている太陽の大きさと見かけ上はほぼ同じ大きさです。太陽を直接見てはいけませんが、朝焼けや夕焼けで減光した太陽の大きさを脳裏に留めておき、月と見くらべてみてください。

この太陽が西の空に沈んだころ、三日月のような細い月を見ることがあります。同じ三日月でも時期によって南西に傾いているときと真西に高く見える場合がありますが、いずれもこのとき、地球照という現象で光っていない部分も丸く見えます。双眼鏡で見るととくにはっきりと、うさぎのような月面の模様まで観察できます。このような夕焼け空の美しい細い月に、ひときわ明るい金星が寄り添うように接近しているようなときも、双眼鏡で見るに限ります。その後、日を追うごとに月は丸くなってきます。その様子も観察しま

しょう。望遠鏡と違い、双眼鏡で見た月は何となく立体感があるように感じます。両目で見るためでしょう。

倍率8倍の双眼鏡でも月のクレーターは観察できます。縁にあるクレーターは楕円形で、中央にあるものは丸みを帯びているものが多いことに注目してください。半月は欠け際にクレーターがたくさん見えます。黒い部分は、もともと隕石が衝突したクレーターに溶岩が溜まって埋まった部分です。クレーター同様、真上から見るとほとんどがまん丸です。ですから海の部分も、縁の方になればなるほど楕円形をしていることも観察してください。

また、月には白い筋が放射状に四方に出ている部分が何ヵ所かあります。大きいところは南側のティコクレーター、そして中央寄りにコペルニクスクレーターがあり、そこから放射状に白い筋が出ていて、双眼鏡で充分観察できます。

満月のときは少々まぶしいですが、見るポイントがたくさんあります。まずは、黒い海の部分の模様を観察してみましょう。世界中でいろいろな姿に

夕焼けの中の三日月です。地球照で暗い部分もぼんやりと浮かび上がって見えます。

● 細い月と地球照

双眼鏡で見るとくっきり、模様までわかります。

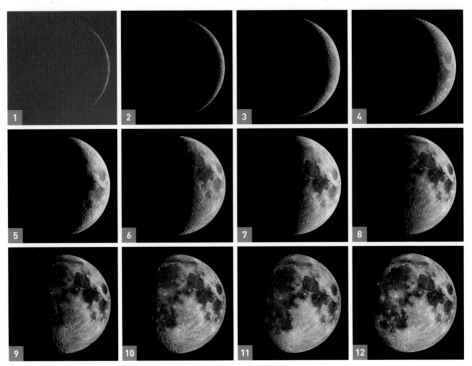

● **月の満ち欠け（月齢1〜28）** 新月から次の新月までは約29.5日となります。
この周期を朔望月といいます。

見立てられていますが、日本ではうさぎの姿とよくいわれています。満月のときは太陽の光が真正面から当たっているので、クレーターは影ができず、見えません。その代わり、クレーターの周りの白い放射状の筋が細かくあちらこちらにあるのが見受けられます。

月は1日に約12度ずつ星空の中を移動していきます。その動きの中で、近くに星が接近したり月に隠されることがあります。月に隠されることを星食、隠されずくっついたような状態になる

ことを接食といいます。双眼鏡で注目して観察していると、接近していく様子がわかりハラハラするほどで、楽しめます。

月の満ち欠けを見よう

月は地球の周りを公転する間、満ち欠けを繰りかえしています。月の満ち欠けを月齢ごとに追いかけてみるのも楽しいです。曇ったり山並みに隠れて

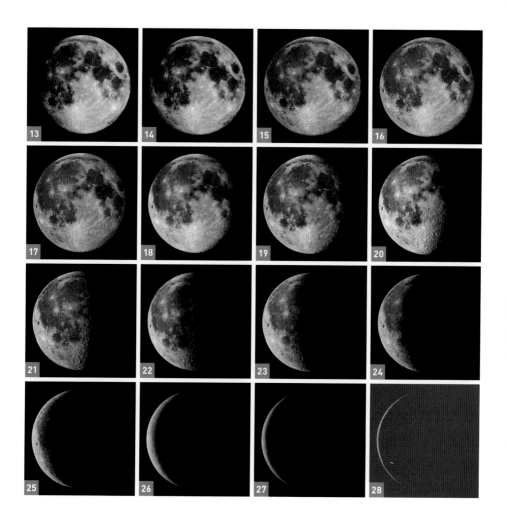

しまったりなどということもあるでしょうが、一度はすべての月齢の月を観察したいものです。その中でも月齢1や28などの新月前後は見るのがむずかしいものです。太陽に近いので、私もなかなか見ることはできません。太陽のまぶしさに注意しながら、幾度か挑戦してください。このページの中の月に、

観察できたところはチェックしておくのも記録と記念になるかと思います。

双眼鏡ではクレーターや海といわれる黒っぽいところがよくわかります。また上弦、下弦の半月よりも細い月の場合には、暗い部分でも何となく明るく輪郭が見えます。この地球照という現象も観察してください。

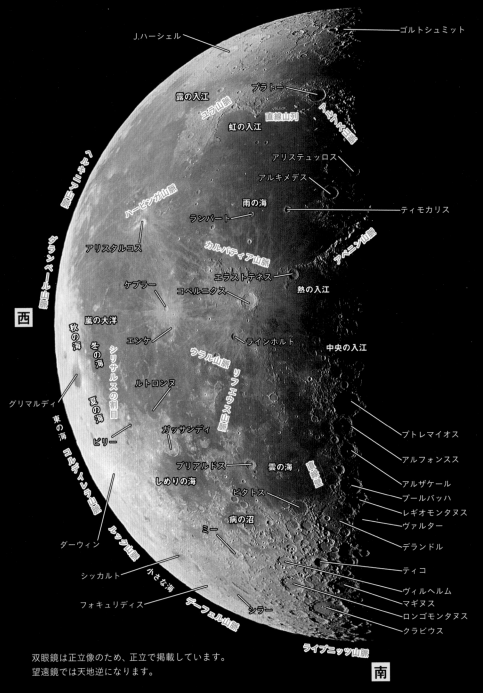

● 月面図

北

ゴルトシュミット

J.ハーシェル

プラトー

露の入江

ユラ山脈

アルプス山脈

虹の入江

直線山列

アリステュッロス

アルキメデス

雨の海

ティモカリス

ハービンガー山脈

ランバート

アリスタルコス

カルパティア山脈

アペニン山脈

ケプラー

エラトステネス

熱の入江

コペルニクス

西

嵐の大洋

エンケ

ラインホルト

中央の入江

ウラル山脈

シリサルスの割目

リフェウス山脈

ルトロンヌ

プトレマイオス

ガッサンディ

アルフォンスス

ブリアルドス

雲の海

アルザケール

しめりの海

ブールバッハ

ピタトス

レギオモンタヌス

病の沼

ヴァルター

ミー

デランドル

ダーウィン

ティコ

シッカルト

ヴィルヘルム

小さな海

マギヌス

フォキュリディス

テーフェル山脈

シラー

ロンゴモンタヌス

クラビウス

ライプニッツ山脈

南

ヘルキニア山脈

グランベール山脈

秋の海

冬の海

夏の海

ビリー

グリマルディ

東の海

コルディレラ山脈

レンジ山脈

双眼鏡は正立像のため、正立で掲載しています。
望遠鏡では天地逆になります。

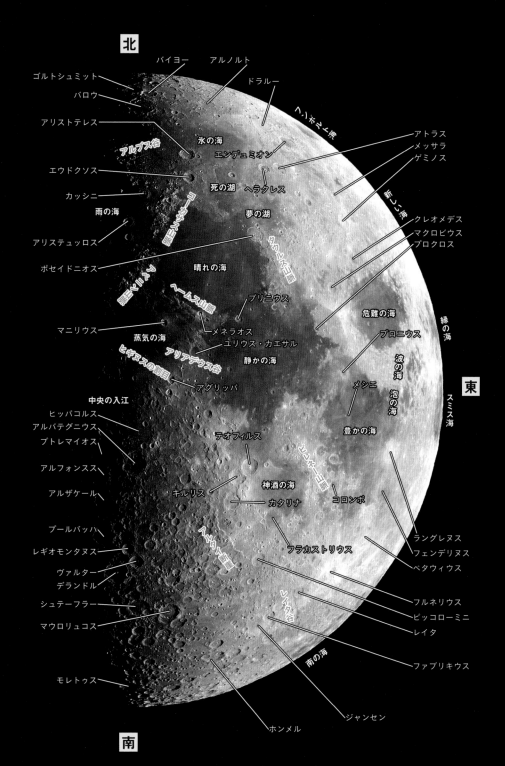

北

バイヨー
アルノルト
ドラルー
ヘハポニム渓
ゴルトシュミット
バロウ
アリストテレス
氷の海
エンデュミオン
アルプス谷
エウドクソス
死の湖
ヘラクレス
カッシニ
コーカサス山脈
雨の海
夢の湖
アリステュッロス
タウルス山脈
晴れの海
ポセイドニオス
ヘームス山脈
アペニン山脈
プリニウス
マニリウス
メネラオス
蒸気の海
ユリウス・カエサル
アリアデウス谷
ヒギヌスの割目
静かの海
アグリッパ
中央の入江
ヒッパコルス
アルバテグニウス
プトレマイオス
テオフィルス
アルフォンスス
アルザケール
キルリス
神酒の海
カタリナ
プールバッハ
レギオモンタヌス
ヴァルター
アルタイ断層
デランドル
フラカストリウス
シュテーフラー
マウロリュコス
レイタ谷
モレトゥス

アトラス
メッサラ
ゲミノス
新しい海
クレオメデス
マクロビウス
プロクロス
危難の海
プロニウス
波の海
メシエ
泡の海
豊かの海
コロンボ
ソンネー山脈
ラングレヌス
フェンデリヌス
ベタウィウス
フルネリウス
ピッコローミニ
レイタ
南の海
ファブリキウス
ジャンセン
ホンメル

東
縁の海
スミス海

南

37

月食の観察

月食とは、太陽と地球と月が一直線上になったときに、地球の影で満月状態の月が欠ける現象です。日食と月食の大きな違いは、ほんのわずかな場所の違いで欠け方や進行状態が違う日食とは異なり、月食はいつでもどこでもほぼ同じ条件で、進行過程が同じであることです。地球表面上の半分の地域で月が見えてさえいれば、同時に観測できます。

地球の影は二重になっています。内側が半影で外側が半影です。内側の本影は地球の大気を通過した太陽の光が内側に屈折し、少々赤く染まっています。大気を通過した光は、夕焼け状態の光といえばわかりますね。そのため、影に入った月の表面が赤や赤銅色に染まるのです。この影の中を、満月が右（西）から左（東）へと移動します。そのときに月食が進行していくのです。

月がすべて地球の影に入ってしまう現象が皆既月食で、影の縁を通過したときには部分月食で終わります。また、地球の影には本影とそこを取り巻く半影があります。この半影を通過するとき、満月は欠けることはなく、表面の一部が少々暗くなるだけです。これが半影月食です。

ダンジョンスケール（尺度）

スケール (L)		
	0	非常に暗くてほとんど見ることができない。とくに食の中心では、まったく見えない
	1	明るい月食で、灰色か褐色がかり、細かい部分は見分けにくい
	2	月食は赤く暗いか、明るい茶褐色をおびている。しばしば影の中心に斑点をともなうこともあり、外端は暗い
	3	レンガ色に明るい月食。影は充分に明るい灰色か、または黄色で月の周りが縁どられる
	4	銅色またはオレンジ色に赤っぽく、非常に明るい。食の外側はたいへん明るく青味がかっている

皆既食中の月の明るさは月食ごとに異なります。フランスの天文学者A・ダンジョンが設定した尺度で明るさを見積もり、皆既月食の明るさを5段階に分けて測定してみましょう。

● **皆既月食** 黒い海の部分がしっかり見えます。

皆既月食の観察

　皆既月食は、本影の中を満月が通過するとき、本来の太陽光線を受けて光っている部分の明かりが失われる現象です。地球の大気を通過した影の中には夕焼け状態の赤っぽい光が入り込んでいます。このため、赤銅色に染まったり、一部は青っぽく染まり、真っ黒になることはありません。皆既中、星ぼしの中に赤っぽい月がぽかりと浮いた状態はとても美しいものです。もちろん強烈な月明りが失われていますから、暗い星まで見え、場合によっては天の川でさえ見えます。双眼鏡で見ると本当にきれいです。

　双眼鏡でぜひ見てほしいのは、赤銅色の変化です。皆既の時間の中にも刻々と変わる美しい色合いを観察してください。カラーでスケッチをとるのもおすすめです。

皆既月食の連続写真です。月の大きさが地球の1/4であることが何となく理解できます。

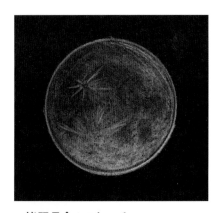

● 皆既月食のスケッチ

● 部分月食

部分月食の観察

　月の通り道が本影部からずれ、満月の一部だけが欠ける現象です。肉眼で見ると欠けて見えますが、双眼鏡でよく見ると暗い部分が赤銅色に見えるので注目してみてください。

半影月食の観察

　重なっている半影部を満月が通過する現象です。肉眼では半影部分がぼんやりと暗くなっている気がするくらいで、くっきりと欠けることはありませんが、双眼鏡で見ると本影部側が暗くなっているのがよくわかります。

天の川の中で赤く染まる、皆既月食中の満月です。

2021年以降に日本で見られる月食（半影月食を除く）

年	月日	月食の種類	備考
2021年	5月26日	皆既月食	日本で見える（月出帯食）
	11月19日	部分月食	日本で見える（月出帯食）
2022年	11月08日	皆既月食	日本で見える
2023年	10月29日	部分月食	日本の一部で見える（月入帯食）
2025年	3月14日	皆既月食	日本の一部で部分月食が見える（月出帯食）
	9月 8日	皆既月食	日本で見える
2026年	3月 3日	皆既月食	日本で見える
2028年	7月 7日	部分月食	日本で見える（月入帯食）
2029年	1月 1日	皆既月食	日本で見える
	12月21日	皆既月食	日本で見える（月入帯食）
2030年	6月16日	部分月食	日本で見える（月入帯食）

惑星の観察

星空に慣れてくると、ゆっくり移動している人工衛星があるときも「あれ？星座の形が崩れているぞ」とその星座の中に星が1つ入ったことに気が付きます。それと同様に、惑星が入り込むとすぐ気付くはずです。

惑星を観察するときは、今現在どの方向に見えているのか見当をつけておくことが大切です。むやみやたらに星空に双眼鏡を向けて惑星はどこにあるのだろうかと探しても、木星の縞模様が見えたり土星の環が見えたりするわけではありません。たとえば『天文年鑑』に「木星の3度西を月が通過」という表記があったら、まずその日の夕方西の空の月を見つけておきましょう。そして、暗くなってきたころ月の間近に輝いている明るい星が木星です。土星でも火星でも明るい惑星の場合にはこのような手法で惑星を探し出しましょう。

また、暗い天王星や海王星の場合は、暗いとはいっても双眼鏡なら何とか見える明るさですから、根気よく探し出してみましょう。

なお、明るい星や惑星が月に隠される現象を「星食」または「掩蔽（えんぺい）」といいますが、惑星が隠される星食は「惑星食」といいます。明るい惑星が月に隠される現象は見ごたえがあります。

水星

太陽に一番近い内惑星です。その特徴は、夜中は絶対に見えないこと、そして夕方の西空、明け方の東空へと位置を次々に変えることです。見られる機会はなかなかありませんが、『天文年鑑』などに「水星が東方最大離角」と表記があったならチャンスです。この意味は、太陽に向かって東側に一番離れる時期ということですから、太陽が沈んだあとの西空に現われます。そのような時期に双眼鏡で探し出してください。ただし素早く確認しないと、夕焼けが収まるころには沈んでしまいます。一方「水星が西方最大離角」というときには明け方の東空、朝焼けが始まるころに双眼鏡で探してみましょう。

金星

金星も内惑星ですから、夕方の西空か明け方の東空にひときわ明るく見えます。双眼鏡でその姿を夕焼けの中に

明け方の東の空に惑星が集合したときの写真です。右上の明るい星が金星、中央上に火星と木星が近寄っています。水星は木の右側に低く写っています。

さそり座の赤い星アンタレスに大接近中の火星が接近しています。アンタレスの語源は「アンチ・アーレス」で火星の敵という意味で、ときおり火星が接近してきて赤さを競うように見えることがあります。左上にある明るい星は木星です。

見るのも乙なものです。

　内惑星は太陽から離れれば、半月状態に欠けたり三日月状態になります。金星は太陽と地球の間に入ってくるとぐんと接近し大きく見えるようになります。そして欠け方が大きくなり、双眼鏡でも明らかに半月になったり三日月状態になったりする様子が観察できます。真昼でも太陽のどの位置角にあるか見当をつけて探し出してください。その際は太陽の光には充分注意してください。

火星

　惑星の中でもこの火星は大きさと明るさを変えます。2年2ヵ月ごとに地球に接近しては遠ざかっていきます。遠いときには星座の中に埋もれるような明るさですから、双眼鏡で確認しないといけない明るさです。一方、接近し始めると明るさを増し、夕焼けの中でも確認できる明るいものに変身します。明るさを増し一番明るくなったころ、周りの星ぼしと対比をしたり赤さの度合いなどを観察することで、接近のた

左／内惑星の金星も月と同じように満ち欠けをします。同一倍率で撮影していますから、このような時期には双眼鏡でも充分観察できます。右上／内惑星の金星も月と同じように満ち欠けをします。この写真は天体望遠鏡で撮ったものです。金星が最大離角のころに双眼鏡で試してください。右下／月に木星が接近した光景です。木星のガリレオ衛星も双眼鏡で観察できます。タイミングがよければ、惑星食が見られることがあります。

びに楽しむことができます。

木星

　いつも同じような明るさで輝いている木星は、4個のガリレオ衛星があり、天体望遠鏡の低倍率でもその存在ははっきりわかります。双眼鏡でも倍率8倍もあれば木星本体から離れた衛星をいくつか確認できます。机などに肘を立てて双眼鏡を動かないようにして見ることがポイントです。

土星

　土星は双眼鏡では残念ながら環まで

は見ることはできません。星座の間を移動していく姿をお楽しみください。

天王星／海王星

　この2つは肉眼では見られませんが、双眼鏡では充分観察できる明るさですから、ぜひ位置表などを片手に探し出してください。

日食の観察（太陽の観察）

太陽の観察について

　太陽は、天体観測の中で一番危険な対象天体です。強烈な熱や強力な光線対策をしないと太陽の観察はできませ

ん。夕刻などや、もやで太陽が薄く見える状況でも、紫外線などは簡単に通過してしまうので危険です。また、目を細くしながら見るのも同じです。

　太陽を見るのは肉眼でも危険なのに、双眼鏡や望遠鏡で見るのはもっと危険で、間違うと目を焼いてしまう恐れもあります。双眼鏡や望遠鏡用の太陽観測用のフィルターも売られていますが、使用する場合は必ず、太陽観測に慣れたベテランの方と一緒に行ないましょう。

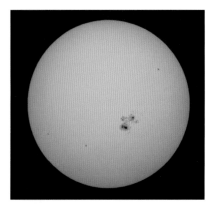

● 太陽表面の黒点の様子

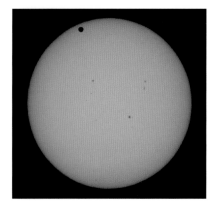

● 金星の太陽面通過

日食の観察

　日食は日本でもときおり起こります。月が太陽に重なって太陽の一部が欠けて見える部分日食、太陽がすべて隠される皆既日食、そして太陽の縁だけが金の指輪のように残る金環日食の3種類があります。あなたは日食を見たことがありますか。また、どの日食を見てみたいと思いますか。

皆既日食の観察

　私は小学校5年のときに天文に興味を持ってから一途に、皆既日食を見てみたい！ と思っていました。そのおかげで、これまでに16回目（このうちハワイ皆既日食時には雲がかかって1敗）も皆既日食を見ることができました。最近では2019年7月のチリ、アルゼンチン皆既日食で、多くの方々と一緒にすばらしい皆既日食を見ることができました。

　私が日食観測に必ず持参するのが双眼鏡です。どのような状況下でも、双眼鏡を通して皆既中のコロナの張り出し具合と紅色に輝くプロミネンス（紅炎）をぜひ見なくてはいけません。のちのち思い出しながら見られる写真もいいのですが、双眼鏡は見た瞬間だけのものです。そのときの映像は、先ほど起きたかのように脳裏に焼き付いています。

　なお、太陽観察用のフィルターを外して太陽を見られるのは皆既中に限ります。そのほかは必ずフィルターを付けた状態で観察をしてください。

　私は1980年にインドで見た皆既日食が初めてでしたが、そのとき双眼鏡で見たコロナの出た状況や、プロミネ

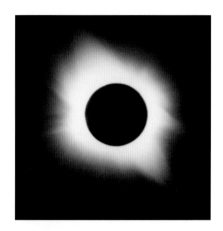

● 皆既日食

● 太陽観察フィルターを装着した状態

ンスが四方に均等に出ていたことなどもはっきり覚えています。この時期は太陽活動が活発だったので、コロナが四方に均等に出ていました。その3年後のインドネシアでは幸運にも7分間という長時間の皆既時間でしたが、このときのコロナは何本か輝線の束が長く出ていたことと、大きめのプロミネ

ンスがあちこちに出ていたことを記憶
しています。

　肉眼ですと四方を見渡せますが、双
眼鏡はその光景の一部を切り抜いて見
ているようなものですから、記憶に強
烈に残るのでしょう。今後、皆既日食
観測に出かける方はぜひ軽量でコンパ
クトな双眼鏡を持参することをおすす
めします。

金環日食の観察

　金環日食では太陽が細いリング状に
なりますが、面積あたりの光量はふだ
んと変わりありません。ですから、部
分食のときも金環食のときも、太陽観
察用のフィルターが必ず必要となりま
す。

　近年、日本で金環日食が起きたのは
2012年でした。国内の多くの地域が
金環日食帯に入っていたので、多くの
人が居ながらにして金環日食が観察で
きたことでしょう。

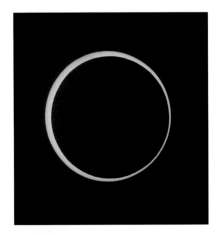

● 金環日食

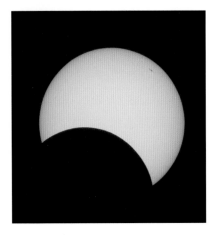

● 部分日食

部分日食の観察

　皆既日食や金環日食は、見られる
地域やタイミングがかなり限定されま
す。一方、部分日食はときおり起こり
ます。2019年は1月と12月の2回、日本
で起きました。これからもときおり部
分日食は観察できます。双眼鏡での観
察は危険なためあまりおすすめできま
せんが、使う場合は太陽観察用のフィ
ルターを装着し、ベテランの観測者のも
とで充分注意して行なってください。

皆既日食中はほぼ真っ暗になり、低空は夕焼け状態になります。

2019年7月チリで観測した皆既日食のコロナのスケッチ

彗星の観測

どこからいつ何時やってくるかしれない、宇宙の旅人のような彗星。天体観測をしていて、これほど美しいものはないと思ったほどです。地球に接近してくれるような彗星があれば見ものです。過去にはヘール・ボップ彗星や池谷・関彗星などが接近し、肉眼で見てもくっきりと伸びた尾が観測できました。双眼鏡でのぞいたときの姿は、まだ脳裏に焼き付いています。まるで毎日装いを変えるような見事さでした。このように肉眼でも観測できるような彗星であれば、双眼鏡を向けると、先端の頭部近辺は噴出した尾がカーブして後ろへと押し曲げられている様子が確認できます。そして、その尾は細い

筋の集まりのようにも感じます。たとえがちょっと飛躍しますが、皆既日食を観測するときに皆既中に現われるコロナの輝線は彗星の尾に似ているものだと感じました。

なお、彗星の明るさの測定法は、ほかの星とは少々違います。たとえば、2等星でも彗星の広がりと同じように恒星をぼかします。そのときの明るさが同じものの等級を彗星の明るさと表現しますから、1〜2等級ほど暗い星の等級の与え方になるのではないかと思います。

ですので、星が肉眼で見える限界等級は6等星ですが、彗星の場合は4等星でも肉眼では見ることはできない明る

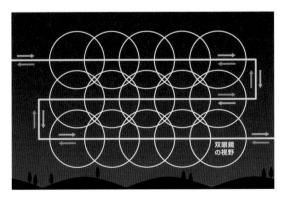

双眼鏡の視野

● 双眼鏡による 彗星捜索の手順

地平線に沿って双眼鏡を水平に動かしながら、彗星を探します。双眼鏡の視野の1/3〜1/2ぐらいずつ視野が重なるようにします。宵の西天の場合は、図のように、地平線近くから次第に天頂の方に向かって捜索をします。明け方の東天の場合には、逆に天頂付近から始めて、地平線の方に向かって捜索を進めます。

ヘール・ボップ彗星は肉眼でもよく見えました。

ヘール・ボップ彗星を双眼鏡でのぞきながら
スケッチしたものです。

さかもしれません。そのようなときは双眼鏡の出番です。地球に接近する彗星の予報が出たとき、4等星以上の明るさになる場合には、双眼鏡なら何らかの姿が見えるはずですから、双眼鏡はつねに汚れなどを除去してメンテナンスしておき、いつでも使用できるようにしておきましょう。

彗星捜索の方法

　最近の彗星発見は、写真測定によるものが多くなってきました。しかし、今も大きめの双眼鏡を庭先やベランダに取り付けて彗星捜索をする方は多いです。

　彗星発見のポイントは、彗星は太陽に接近するころに明るさを増すので、

太陽が沈んだあとの西の空低いところか、太陽が出る前のまだ暗いうちの東の空低いところを双眼鏡で捜索することです。捜索の方法は、倍率は15倍や20倍のものを使用し、西の空を捜索するなら、西の空低いところを水平方向に左側へ移動しながら星雲のようにぼんやりしているものを探します。20度ほど移動したら、今度は1/3ほど視野を重ね、右側に移動します。これを繰り返し、上の方にジグザグに動かし一帯を捜索します。

　もちろん、1回で彗星が発見できるとは限りませんし、絶対発見できるものではありません。しかし、地道にこれを繰り返すことです。いつの日か、あなたも彗星発見者の仲間入りができるかもしれません。

ブラッドフィールド彗星。雄大な尾が印象的な彗星でした。

第 3 章

星空の観察

星空の観察

1等星の観察

　全天に1等星は21個あります。双眼鏡でのぞいてみると、色合いの違いがよくわかります。しかし、1等星は四季折々の星座にまばらに存在していますので、すべて見ようと思えば1年はかかります。また南天の星座の1等星もあるので、21個といっても時間がかかり、たいへんなことです。焦らず時間をかけてごらんください。

星座の観察

　全天には88個の星座があります。私たち北半球に住んでいる者には、天の北極方向は見えても天の南極方向は見ることができません。その方向にある星座も見えないことになりますので、1等星と同様に、時間をかけてすべて星座を見ることに挑戦してみてください。双眼鏡があれば、暗い星もはっきり見え、星座をたどることができます。

● 冬の星座たち

星の配列

　星座の中には、多くの星が集まっていたりきれいに並んでいるところでも、星座の線とは無関係なところがたくさんあります。たとえばオリオン座の小三ツ星も特徴的な並びです。ここの真ん中にはオリオン大星雲M42があります。ペルセウス座のα星付近も星ぼしが多くにぎやかです。またぎょしゃ座のいくつかの散開星団は列を作っているようで感動ものです。双眼鏡でじっくり観察してください。

二重星

　星座を形成している星ぼしの中には、2個か3個で1個の星としてとらえられているものがあります。たとえば北斗七星の二重星ミザールとアルコルです。また2つの星が回り合っている連星は2つの合成等級で明るさを表わしています。そのほか、あちこちに二重星は潜んでいます。双眼鏡で分離できる（2つの星に分かれて見える）ものもたくさんあります。

星雲・星団

　星座の中には、オリオン大星雲M42のように鳥の羽根を広げたようなものや、アンドロメダ大銀河M31など、双眼鏡を使うとより明るく大きく見えるものがたくさんあります。おうし座の

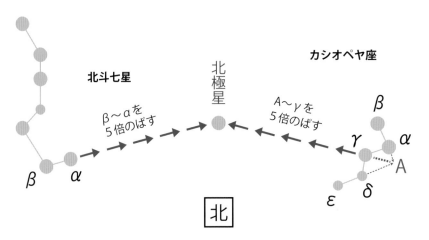

● 北極星の探しかた　いつも真北に見えている2等星が北極星です。北極星を見つけ出す目じるしになるのが、カシオペヤ座と北斗七星です。

カシオペヤ座も、北斗七星同様、一日中、一年中沈むことがありません。北極星を中心に反時計回りに動いています。1時間で15°、4時間で60°動きますから、時計代わりになります。10月中旬の場合、夕方に北東の空に見え、真夜中近くにもっとも高くなり、明け方に北西の空へと移ります。

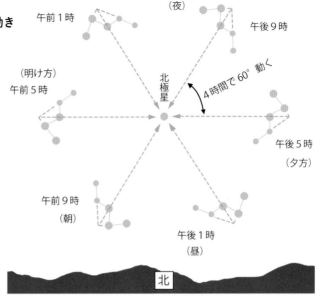

（夜）

午前1時

午後9時

（明け方）
午前5時

北極星

4時間で60° 動く

午後5時

（夕方）

午前9時

（朝）

午後1時

（昼）

午後1時

北

（10月中旬の場合）

M45（すばる）は肉眼でもごちゃごちゃ見えます。このような天体を双眼鏡でのぞいて見ると、明るい星ぼしがひしめき合っています。夢の世界に飛び込んだかのような感じに見え、宇宙の広大さを感じ取ることができます。

流星痕

　天体観測や流星観測をしていると非常に明るい流星（大火球）などが飛ぶ場合があります。まぶしいと思うほどの流星が飛んだときなどはすかさず双眼鏡を向けてください。すると、流星が飛んだ経路上に飛行機雲のようなもの

が残っている場合があります。これは流星痕で、高層大気に残っているものです。流星痕は大気の動き、つまり風に流され移動したりして形が変わります。ときには赤っぽくも青っぽくも見えます。観測中はいつでも小型の双眼鏡を首からぶら下げておきましょう。

● 流星痕

57

春の星空観察

春の南の空、真っ先に目立つのは中天高くに見えるしし座、そして白く輝く1等星レグルスでしょう。1等星とはいうものの1.4等で、21個ある1等星の中ではもっとも暗い1等星です。レグルスを含んだ「？」マークを裏返しにしたような"ししの大がま"とよばれる星の並びは特徴的で、近隣に明るい星が少ないので、より目立ちます。

しし座の尻尾からかみのけ座、そしておとめ座付近には、銀河がたくさんありますので、ぜひ双眼鏡を向けてみてください。

そこから南に低いところには、ひしゃげた台形をしたからす座があります。からす座を目印に、M104（ソンブレロ星雲）を探し出しましょう。

からす座の足元には、西側の方からうねうねと続くうみへび座が存在しています。こいぬ座の近くにあるうみへびの頭の部分から、おとめ座の1等星スピカを通り過ぎ、てんびん座付近まで長く伸びたうみへびの姿を、双眼鏡で追いかけてみましょう。

おとめ座は大きな星座ですが、星座の結びがなかなかわかりにくい星座です。スピカ以外にはあまり明るい星がありませんので、双眼鏡を使ってじっくり星の並びを追ってみてください。

うしかい座は、1等星アルクトゥルスを含め、ネクタイのような形になっているところを双眼鏡で確認します。

今度は体を北に向けて、天頂を観察してみましょう。おおぐま座が見えています。でも全体の形はなかなかつかめません。見つけるには、お尻から尻尾の部分にあたる、ひしゃくの形をした北斗七星を目じるしにします。なお、北斗七星のひしゃくの柄の先端の星から二番目のミザールは、双眼鏡でもきれいに分かれて見える二重星です。

北斗七星から、北極星を探し出すことができます。柄の先の星を1とすると、6と7番目にあたる星の間隔を水がこぼれる側に5倍伸ばします。そこに輝く2等星が北極星です。この6と7番目の星の間隔は、約7度の視野の双眼鏡でぎりぎり入ります。その5倍ですから、双眼鏡を1、2、3、4、5と視野をずらしてみましょう。

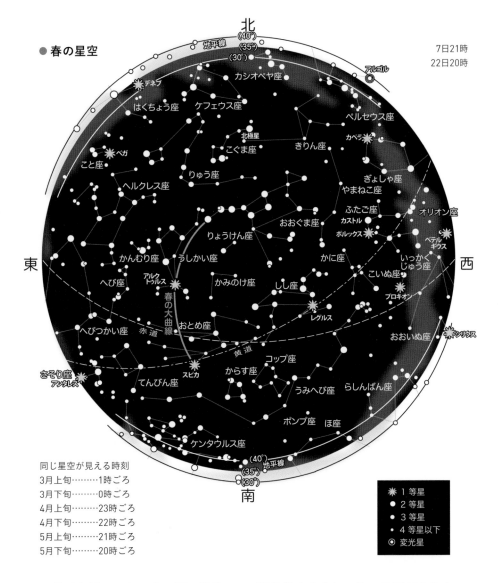

● 春の星空

同じ星空が見える時刻
3月上旬………1時ごろ
3月下旬………0時ごろ
4月上旬………23時ごろ
4月下旬………22時ごろ
5月上旬………21時ごろ
5月下旬………20時ごろ

✸	1等星
○	2等星
・	3等星
・	4等星以下
◎	変光星

　北斗七星のひしゃくの柄の部分のカーブをそのまま延長し、アルクトゥルス、スピカとつないだ曲線を「春の大曲線」といいます。うしかい座とおおぐま座の間にはりょうけん座があります。

　北極星のあるこぐま座をぐるりと取り巻くように、りゅう座があります。頭の部分は北東の空にまだ低いですが、少しひしゃげた四角形の頭の部分を双眼鏡で探し出し、そこから北斗七星沿いに尻尾の先まで、星の並びを追ってみてください。

59

春の星空の見どころ

こぐま座

　ひしゃくの形をした、おおぐま座の北斗七星を「大びしゃく」というのに対し、「小びしゃく」と形容するように、北極星を含む7個の星がひしゃくの形に並んだ星座です。水のたまる部分を形作る4個の星は、双眼鏡でちょうど視野に入る大きさです。こぐまの尻尾の先端にある2等星が北極星です。

● こぐま座

　この北極星は、天の北極から1度ほど離れたところにあります。約2万6千年で地軸が一周する歳差運動で、北極星は移り変わります。1万3千年過ぎには、こと座のベガが北極星の役割を担うことになります。北極星を双眼鏡で見ると、すぐそばに6.5等の星が寄り添っています。この星は天の北極方向を見定めるのに役立ちます。

おおぐま座

　うみへび座、おとめ座に次いで3番目の面積を持つ星座です。その一部が北斗七星ですが、北斗七星に目がいってしまうので、おおぐま座全体を眺めることが意外に少ないでしょう。

　頭の部分の二等辺三角形を双眼鏡の視野に入れ、そのまま左耳を延長したところにM81とM82銀河がぼんやり見えます。頭の部分だけでなく、熊の前足に相当するエリアにも双眼鏡を向けてみましょう。

　北斗七星の星を一つずつたどりましょう。ひしゃくの水がたまるところは、α星ドゥベから始まります。次がβ星のメラク、この左手、双眼鏡の視

● おおぐま座

野に収まるところにM108とM97（ふくろう星雲）があり、口径の大きな双眼鏡で位置が確認できます。

次の星は、γ星フェクダで、ここのすぐそばにはM109銀河があります。次のδ星はメグレス。γ星とともに双眼鏡の同じ視野に入ります。次は北斗七星の中では光度が少々暗いε星アリオトです。

その次が二重星で、ζ星ミザールとアルコルです。ミザールは2.07等、ア

ルコルが4.0等です。しかしよく見ると中間に7.86等の星がもう一つ見えます。

また、天体望遠鏡で拡大してのぞくと、ミザールはさらに二重星なのです。接近したところに3.95等の星を従えています。ミザールはもともと視力検査にも使われていました。大熊の尻尾の先の星がη星、アルカイドです。

● りょうけん座

おおぐま座のミザールからアルカイ

ドへとたどり、そこから直角方向に視
線を曲げると、子持ち銀河で有名な
M51があります。双眼鏡では、その存
在がなんとなく見える感じです。

かに座

　双眼鏡を向けると、散開星団のプレ
セペ星団（M44）がしっかり見えます。
この星団を取り巻く4個の四角形から
上（北）にι星が飛び出し、下（南）に
はα星とβ星が出て、かにの甲羅から
手足が出ている感じがします。条件の
良いところでは肉眼でも星団を見るこ
とができます。

● かに座

しし座

　春を代表する星座で、白く輝く1等
星レグルスは1.36等です。全天には1
等星が21個ありますが、このレグルス
の明るさは、1等星の中でいちばん暗
い1等星です。しかし近年、オリオン
座のベテルギウスが減光しているとの
観測があり、その順位も変わるかもし
れません。

　「ししの大がま」とよばれる、頭の
部分の「？」マークの裏返しになっ
た星の並びの上のエリアに双眼鏡を
向けてください。λ星のすぐそばに
NGC2903があり、位置が確認です。

　ししの後ろ足の付け根のところには
銀河がたくさんあります。M65、M66
は空の条件が良ければ双眼鏡でぼんや
り見えます。

　ししのお尻にあたるデネボラは2.14
等星で二重星です。周辺の星ぼしとの
関連を取り上げられる星ですから、
しっかり見ておいてください。

かみのけ座

　かみのけ座の星の並びは、はっきり
しません。しし座のお尻の先あたりと
見当づけるしかありません。少々暗い
ながら双眼鏡で見えるα星、β星、γ
星でできた直角三角形を唯一の星の並
びと思ってください。このうちのγ星

を含む小さな星の
配列は、こぢんま
りとしていながら
もにぎやかです。

　また、この付
近には銀河がた
くさんあります。
NGC4565は紡錘
状でとても美しい
銀河です。もちろ
ん双眼鏡ではその
形はわからず、位
置がわかるだけです。

● しし座

　さらに、ここから下（南）に下がった
ところに、銀河の大集合地帯がありま
す。ここはかみのけ座とおとめ座が混
ざった区域です。まずはM88、M89、
M100付近を双眼鏡で見て、おとめ座
のM49付近まで向きを変えてみてく
ださい。この中のメシエ（M）天体がい
くつかぼんやり見えるので、ていねい
に探してみましょう。双眼鏡で確認し
た天体については、星図に印を付けて
おくと、混乱を避けることができます。

おとめ座

　ひときわ目立つ存在の0.97等で白く
輝く1等星はスピカです。この星まで
は250光年です。

　おとめ座は全天で2番目に広い面積

を持つ星座ですが、星座の全容を確認
したことのある人は少ないと思います。
とくに街明かりがあるような場所では、
双眼鏡を使って、ぜひ星座の星の並び
を確認してください。

　この星座には、おとめ座銀河団とよ
ばれる銀河の密集したエリアがあり、
たくさんの銀河がひしめき合っていま
す。

　また、からす座との境目にある
M104銀河は、メキシコ人が被る帽子、
ソンブレロ帽に似ていることから、ソ
ンブレロ星雲とよばれ、親しまれてい
ます。

からす座

　ソンブレロ星雲はおとめ座の領域で
すが、からす座から探し出しやすいも

● うみへび座

のです。右上のγ星から上の方に向かって小さな星がいくつか連なっていて、その先端にあります。双眼鏡で確認しておけば、後々望遠鏡で観察する場合にも役立ちます。また、からす座のゆがんだ台形の左下のβ星のすぐそばには、M68球状星団がほんのわずかに双眼鏡で見えます。

コップ座

からす座の右隣には、コップを連想させる特徴的なコップ座の星の並びがあります。双眼鏡で確認してみましょう。

うみへび座

全天で面積第一位の大きな星座です。東西に100度もの長さになり、頭を東の地平線から現わし、尻尾の先まで出てくるのに相当の時間がかかります。双眼鏡でも、うねりくねっている姿を星図を見ながら確認してください と言わざるを得ないです。

その中でも、いくつかポイントはあ

ります。かに座の南側に密集した星の集まりがあり、ここが頭の部分です。双眼鏡でのぞくと五角形に見えます。ここを出発点として、東の方へ星をたどりましょう。α星アルファルドは1.99等なので、2等星に分類されます。この辺には明るい星がないので、目立つ存在です。その3個先のμ星には、近くにNGC3242があります。惑星状星雲で「木星状星雲」とよばれ人気がありますが、双眼鏡では位置確認ができるのみです。

さらに、からす座を超えてγ星の南側にはM83銀河があります。これも双眼鏡ではその存在がわかります。

ケンタウルス座

ケンタウルス座は、日本から全容を見ることはできません。α星とβ星は南十字星との三役のような感じで見えているので、ω星団までの星が確認できればよいでしょう。ω星団は双眼鏡でもよく見えます。ヘルクレス座のM13よりもよく見えるほどです。南半球で頭上近くで見える場合には肉眼でも見え、恒星と見間違うほどです。このほかにも地平線ぎりぎりの星の並びを双眼鏡で追いかけてみてください。

うしかい座

うしかい座の全体の形は、ネクタイのように星が並んでいます。その襟元にあたるところにオレンジ色に輝くアルクトゥルスは1等星で、37光年の距離にあるので、恒星としては近い方です。明るさは－0.05等です。この星は春先に頭上に来たころに麦を刈るという農事ごよみのような役割を果たしていました。きれいな色の星ですから、ぜひ双眼鏡で見てください。そして、アルクトゥルスと同一視野に入る星ぼしを見て、星の並びを堪能してください。

● うしかい座とかんむり座

夏の星空観察

夏の空では、まずは、七夕伝説に出てくる織女星と彦星を見つけることにしましょう。

東の空を見ると、3つの1等星で形作る二等辺三角形をした「夏の大三角」が見えます。この3つの星は、明るい街中からも見えるはずです。

この大三角の左上にあたるとくに明るい星がこと座のベガで、織女星（織姫）です。右下にあたる星がわし座のアルタイルで、彦星（牽牛）です。もう一つ、左下にあたるのがはくちょう座のデネブです。それぞれの1等星を双眼鏡でも見てみましょう。

そして、夏の大三角を縦断する天の川の流れに沿って南の空まで双眼鏡で眺めてみると、たくさんの星ぼし、そして星雲が目に飛び込んできます。

そのまま南の空に目を向けると、アルファベットのSの字の形に星が連なって見えるさそり座があります。心臓の部分にあたるのが1等星アンタレスです。双眼鏡で見ると、とても美しい赤い色をしています。そのそばには、ぼんやりと球状星団M4が見えます。

その上にあるへびつかい座の大きな楕円形とも思える星の並びの中は、明るい星がないところです。双眼鏡でのぞいてみましょう。すぐそばの天の川にはたくさんの星が見えるだけに、少し味気ない感じがします。

へびつかい座と頭を接したヘルクレス座には、双眼鏡でもぼんやりと確実に見える球状星団M13があります。しかし、ヘルクレス座ははっきりと星の並びが確認できません。そこで双眼鏡が活躍します。双眼鏡でM13を確認し、そこからヘルクレス座の星の並びを探すことができるでしょう。

うしかい座とヘルクレス座の中間には、小さな半円形に星が並んだかんむり座があります。これはぜひ双眼鏡で見ていただきたい対象です。中間部分には有名な変光星Rがあります。

次は、北の空に体を向けて北極星を探し出し、こぐま座の小さなひしゃくのような形（小びしゃく）を双眼鏡で確認しましょう。

おおぐま座の頭のそばには、M81とM82銀河が仲良く並んでいます。

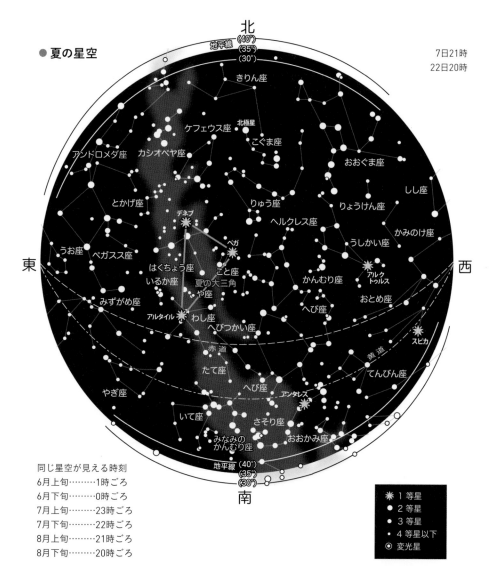

● 夏の星空

北

地平線 (40°)
(35°)
(30°)

きりん座

ケフェウス座　北極星
こぐま座

アンドロメダ座　カシオペヤ座

おおぐま座

しし座

とかげ座

りゅう座

りょうけん座

かみのけ座

デネブ

ヘルクレス座

東

うお座

ペガ

ペガスス座

はくちょう座

こと座

うしかい座

アルク
トゥルス

西

いるか座

かんむり座

夏の大三角

や座

みずがめ座

へび座

おとめ座

アルタイル　わし座

へびつかい座

スピカ

赤道

黄道

たて座

てんびん座

やぎ座

へび座

アンタレス

いて座

さそり座

みなみの
かんむり座

おおかみ座

地平線 (40°)
(35°)
(30°)

南

同じ星空が見える時刻
6月上旬………1時ごろ
6月下旬………0時ごろ
7月上旬………23時ごろ
7月下旬………22時ごろ
8月上旬………21時ごろ
8月下旬………20時ごろ

✺	1等星
●	2等星
∘	3等星
・	4等星以下
◉	変光星

街明かりがない条件が良いところでは、双眼鏡でも確認できます。

北極星の周りにはりゅう座があります。北斗七星との間にうねうねと伸びていますから、双眼鏡で星を一つ一つ追いかけてみてください。

なお、りゅう座の尻尾の3個前のα星は、エジプトのピラミッドを製作していたころには北極星であったというツバーンです。北斗七星の二重星ミザールがすぐそばにあるので、目安にして探してみましょう。

夏の星空の見どころ

こと座

　夏の星空でひときわ明るく青白く輝くこと座の1等星ベガ。この星の大きさは太陽の2.4倍、地球からの距離は25光年です。この星はα星で、すぐ近くのε星とζ星と合わせて直角三角形が描けます。

　すぐ脇の四辺形の一片をご覧ください。中央には環状星雲M57があります。双眼鏡では、さすがにドーナツ状

には見えませんが、その存在を確認できます。

わし座

　夏の大三角を形作る星の一つ、アルタイルがある星座です。アルタイルは白色の1等星です。大きさは太陽の直径の1.7倍で、地球からの距離は17光年です。こと座のベガとアルタイルの距離は16光年です。この星は両脇に2個の星を従えているかのようです。そ

●こと座

●わし座

のアルタイルからのびる頭の部分や、翼の先端の星の集まりも双眼鏡でご覧ください。

はくちょう座

はくちょう座の中心部は、「南十字」に対し「北十字」とよばれています。その頂点にある青白く輝くデネブは、地球から1400光年のところにありながら1.25等星で輝く巨大な星で、太陽の直径の200倍ほどもある星です。

はくちょうの胴体部分にあるγ星、さらにそこから頭の方へ視界をずらします。するとはくちょうの首の中間あたりにη星があり、その付近にX-1とよばれている星があります。強力なX線を出していることから、古くからブラックホールが存在しているのではないかと注目されている星です。

頭の部分のアルビレオまで移動しましょう。双眼鏡では確認できませんが、この星は二重星で、オレンジとブルーの色の対比もきれいなため、望遠鏡での好観察対象になっています。

はくちょう座には、超新星の残骸星雲の網状星雲があります。はくちょうの翼の一つのε星のすぐそばにありますが、双眼鏡では位置だけの確認です。

いるか座

こぢんまりとしている星座のいる

● 夏の大三角形

か座座は、ひし形に並んだ星から1本、ひょこんと星が飛び出しています。まるで、イルカの尻尾が海面から飛び跳ねたような感じで見えます。

こうま座

こうま座も小さな星座です。隣のペガスス座のε星から、双眼鏡を使って星の並びをたどるとよいでしょう。

や座

弓の矢に似た感じがつかめる星座です。中央部には球状星団M71があります。双眼鏡でもぼんやりと見えます。

こぎつね座

こぎつね座にある惑星状星雲M27を

● こうま座、いるか座、や座

探しましょう。あれい状星雲といい、丸いおせんべいの両側を一口ずつ食べた感じの形をした星雲です。双眼鏡でも小さいですが丸い面積体に見えます。

ヘルクレス座

こと座の西側にあり、明るい星こそないですが、同じ明るさどうしの星の並びで形作られています。アルファベットの大きなKの字が目じるしです。頭のα星がへびつかい座のα星と並んで、目立っています。さらにβ星を通過し、ζ星とη星の中間に双眼鏡を向けると球状星団M13があります。

足元の球状星団M92にも双眼鏡を向けてみましょう。M13ほど華やかではありませんが、ぼやっと見えます。

かんむり座

かんむり座は、半円形に並んだ星を双眼鏡でぐるりとのぞいてみるだけです。しかし、その中に変光星かんむり座Rがあります。

へびつかい座

星が少なく見えるエリアがあり、その中に、少しいびつな五角形が見つかります。それがへびつかい座の胴体の部分です。この中には2つの球状星団

● てんびん座

M12とM14があります。また、η星の近くにはM9が、そしてζ星の近くにはM107が見えます。

　さそり座のすぐそばになりますが、M19などは天の川の外側付近にあり、球状星団が多く存在しています。

へび座

　へび座は、へびつかい座で頭部と尾の部分とに分断されています。

　西側の頭部を双眼鏡で見てみましょう。かんむり座のすぐそばにありますが、かわいい正三角形の星の並びが目立ちます。そこからくねくねとへび座

の星を追いかけてみましょう。

てんびん座

　華々しいさそり座などに先駆けて天を駆けめぐる星座です。α星とβ星付近を双眼鏡でご覧ください。

さそり座

　アルファベットのS字のような星の並びがまさにさそりそのものの姿です。

　さそりの心臓にあたるアンタレスは真っ赤な1等星です。この星は地球から550光年のところにある脈動変光星です。その明るさの変化は0.88等から1.16等で、太陽の大きさの700倍ほどもあります。

　ζ星の近所は少々にぎやかですから、双眼鏡でじっくり見てみましょう。また、さそりの毒針の部分の三角形の部分もにぎやかで、双眼鏡の観察対象です。その先には散開星団のM6とM7があります。

いて座

　天の川銀河の中心方向ですので、星雲や星団もたくさんあり、にぎやかなエリアです。

　いて座には、北斗七星に対し南斗六星という6個の星の並びがあります。双眼鏡で見ないとひしゃくの先の部分の星が暗いので確認できません。その部分には球状星団M22が見えます。

● さそり座

またM28もあります。その延長線
上にはM8という干潟星雲があり、双
眼鏡でも広がりを充分見ることができ
ます。

その上にはM20という三裂星雲が
あります。しかし写真集のような色合
いのよい感じに見ることはできず、小
さくぼんやりと見えるのみです。その

● いて座

上にはM17、M18、M24の散開星団が
仲よく並んでいます。

たて座

　天の川の部分でとくに明るく、淡
い星ぼしがたくさん見えるエリアで、
M11、M26もよく見えます。

みなみのかんむり座

　半円形に並んだ特徴のある星の並び
を双眼鏡でのぞいてください。

りゅう座

　こと座の近くに、台形の星の並びを
した頭の部分があります。ε星の付近
や尻尾の先端部分も確認しましょう。

● やぎ座

尻尾の星の3個前のα星は、ツバーン
という3.68等星の星です。ここには
2つの星が並んでいますが、明るい方
の星です。この星は紀元前2700年ほ
ど前には北極星として君臨していまし
た。

やぎ座

　逆三角形のような星の並びのこの星
座を探索しましょう。β星の付近は、
双眼鏡で見ると星が密集しています。
ζ星近くには球状星団M30がありま
す。やぎ座のすぐ上にあるM72付近
も双眼鏡で見ると楽しいエリアです。

秋の星空観察

秋の空ではまず天高く昇った秋を代表する星の並び「秋の四辺形」または「ペガススの四辺形」とよばれる四角形を探し出しましょう。明るい星が少ない場所だけに、目立つ並びです。

これは、天を駆ける白馬、ペガスス座のお腹の部分にあたります。かつては、この四辺形の中に肉眼で何個星が見えるかという目試しをしたものです。双眼鏡で確認してみましょう。

秋の四辺形の北東側の角の星は、お隣のアンドロメダ座のα星です。そこから3個目の星をたどり、直角に曲がって3個ほど双眼鏡で追いかけてみると、有名なアンドロメダ大銀河M31が見えます。もちろん写真集で見るような大きさではありませんが、何となくぼんやりと楕円形に見えます。きっと感動することでしょう。

みずがめ座は明るい星が少なく、すだれのような淡い星の並びです。アルファベットのYの字形の小さな星の並びが目じるしになります。この星の並びは、ペガスス座の頭の部分を少々南に下らせるように双眼鏡を動かせば、

見つけ出すことができます。

そこから下（南側に）まっすぐ双眼鏡を振り下ろすと、秋の空でひときわ明るい1等星、みなみのうお座のフォーマルハウトが目に飛び込んできます。南の低い空で明るい星がない空間でフォーマルハウトは白く輝き、とても目立ちます。

次に、ペガススの四辺形の南東側をぐるりとめぐるように存在しているうおを探します。うお座の2匹の魚を見つけるには、双眼鏡の出番です。2匹の魚同士を結んでいるリボンにあたる星並びも追いかけてみましょう。

その南側にはくじら座の、頭を先頭に大きくうねるような星の並びがあります。双眼鏡で注目してほしいのは、大きな頭の部分から右手にある長周期変光星ミラです。ミラは約300日の周期で、2〜10等級までと大きく明るさが変化します。双眼鏡で周りの星と見くらべて、明るさの変化を確かめてみてください。

北側の頭上近くには、アルファベットのW字の星の並びをしたカシオペ

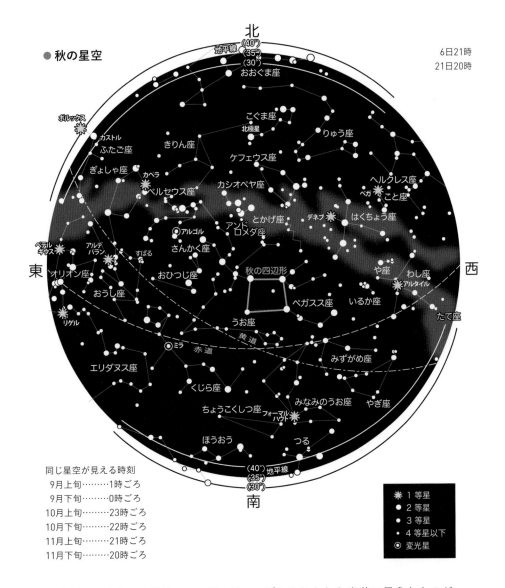

● 秋の星空

北
地平線
(40°)
(35°)
(30°)
おおぐま座

こぐま座
北極星
りゅう座

カストル
ポルックス
ふたご座
きりん座
ケフェウス座

ぎょしゃ座
カペラ
ペルセウス座
カシオペヤ座
ヘルクレス座
ベガ
こと座

アルゴル
とかげ座
デネブ
はくちょう座

アンド
ロメダ座

ベテル
ギウス
アルデ
バラン
すばる
さんかく座
秋の四辺形
や座
わし座
アルタイル

オリオン座
おうし座
おひつじ座
ペガスス座
いるか座
たて座

リゲル
うお座
黄道
みずがめ座

ミラ
赤道

エリダヌス座
くじら座
みなみのうお座
やぎ座

ちょうこくしつ座
フォーマル
ハウト
つる

ほうおう

(40°)
地平線
(35°)
(30°)

東

西

南

同じ星空が見える時刻
9月上旬………1時ごろ
9月下旬………0時ごろ
10月上旬………23時ごろ
10月下旬………22時ごろ
11月上旬………21時ごろ
11月下旬………20時ごろ

✳	1 等星
●	2 等星
•	3 等星
·	4 等星以下
◎	変光星

ヤ座があります。双眼鏡でこの星の並びをなぞってみましょう。カシオペヤ座からは、北斗七星のように北極星を見つけることができます（p.56参照）。そして、隣のペルセウス座との間にも向けてみてください。肉眼では2つの

ぼんやりとした光芒に見えたものが、星の集合体であることがわかります。これがペルセウス座の二重星団hとχです。ペルセウス座では、星がたっぷり集まったα星付近や、アルゴルという変光星を双眼鏡で見てみましょう。

秋の星空の見どころ

ペガスス座

　秋の代表星座です。天を駆ける白馬ペガススの胴体の部分が、秋の四辺形の星の並びになります。

　この四辺形を形作る星ぼしを、それぞれ双眼鏡で見てみましょう。α星が2個存在しています。左上にあるα星はお隣のアンドロメダ座の星になります。また、右下のペガスス座のα星に

● ペガスス座

も向けてみてください。

　ここから右下に星を追いかけてみるとε星に行き当たり、そこが白馬であるペガススの頭になります。日本では逆さまに見えますが、南半球で見ると正立し、天を駆けめぐっています。この頭の星の先には球状星団のM15があり、双眼鏡でもぼんやりと見えます。

アンドロメダ座

　秋の四辺形の星の一つ、α星からアンドロメダ座を探し出しましょう。左上に二股に分かれるように星がのびています。β星の方は胴体と足の方向です。もう一方の右手は手首の部分になります。

　注目を浴びるのは、足元のβ星からカシオペヤ座の方向、2個目のあたりに双眼鏡でも楕円形に見えるアンドロメダ大銀河M31です。条件の良いところでは肉眼でも見えます。この銀河があるのは私たちの銀河系のすぐお隣です。とはいうものの、230万光年彼方の存在です。

さんかく座

　アンドロメダ座のβ星を挟んでアン

● アンドロメダ座

ドロメダ大銀河M31の真逆の位置には、M33銀河が見えます。M31が斜め上から眺めた姿なら、こちらは真上から見た感じの銀河です。もちろん双眼鏡でも観察できます。ここの星座の星の並びも見ておきましょう。二等辺三角形で、双眼鏡の視野ぎりぎりに入ります。

とかげ座

この星座は明るい星がない代わりに、ほぼ同じ明るさの星がジグザグに与えられたように並んでいます。8個の星で形成されていますので、双眼鏡で星をたどってください。

うお座

逆立ちしているペガスス座の背中に乗るように曲がっている星座です。ペガススの四辺形とみずがめ座の境目に1匹の魚がいます。そしてもう1匹はアンドロメダ座の近くにいます。

その2匹を結んだ長いリボンは、くじら座のミラ付近でUターンするように存在しています。まずは2匹の魚を双眼鏡で観察し、お互いをつなぎ合っ

ているリボンの星ぼしのつなぎも追い
かけてください。

くじら座

　うみへび座、おとめ座、おおぐま座
に次いで4番目に大きな星座です。東
端は冬の星座ぎりぎりで、おうし座の
お腹の部分にくじらの頭部があり、み
ずがめ座の辺りまでのびています。

　頭の部分のα星、γ星、δ星付近を
双眼鏡で見ると、M77銀河も見つけら
れます。そこから右下に移動すると、
赤い星のミラがあります。この星は明
るさが変わる脈動変光星で、膨張と縮
小をすることで、一定の期間で明るさ
を変化させます。このような変光星の
代表なので、このような星を「ミラ型
変光星」といいます。

　ミラは約100日で2.0等から10.1等
まで明るさが変化します。ですから、
あるときは星座を形作る星として見え
ているかと思えば、10等にならずとも
肉眼の限界が6等ですからまったく見
えない時期もあります。双眼鏡で観察
し、周りの星と明るさを比較して、観
察してみてもよいでしょう。

ちょうこくしつ座

　ちょこくしつ座は、くじら座の下に
ネクタイのような形で横たわった感じ
の星の並びです。この形を双眼鏡で見
て星座の星の並びを確認してみましょ
う。あわせて、ほうおう座もさがして
みましょう。

みずがめ座

　みずがめ座は、みなみのうお座と合
体した形で覚えておきたいものです。
目じるしになる星の並びを見つけま
しょう。ペガスス座の頭の星の南側に
アルファベットの「Y」の形があります。
ここは水瓶が逆さまになって水が出て
いる部分の口にあたるところです。こ
の右側のα星とβ星が、水瓶を持った
男の子の肩の部分になります。このY

● みずがめ座

ペルセウス座

字形を双眼鏡で見たら、そのままβ星まで移動し眺めてください。β星のすぐそばに球状星団のM2があります。

　Y字形から南の方向は、みなみのうお座のフォーマルハウトまで連続で眺めましょう。また、δ星の西側にはNGC7293というらせん星雲があります。写真には環状星雲とうり二つのように写りますが、双眼鏡では位置のみの確認となります。

みなみのうお座

　みずがめ座の水瓶の水をたらふく飲んでいるのが、この星座です。1等星の白い星、フォーマルハウトが魚の口の部分です。この星の明るさは1.16等で、地球から25光年と近い方の恒星です。まずは双眼鏡でこのフォーマルハウトの後ろの輪郭の星を追いかけてみてください。

おひつじ座

　α星、β星、γ星、δ星の4個の星のつながりだけの簡単な星座です。ただし、誕生星座でもあることから人気の星座です。双眼鏡で星の並びを観察してください。

ケフェウス座

　長細く伸びた五角形の星の並びが見えます。エチオピア王家の王様の星座、ケフェウス座です。注目される星雲星団はないので、ここも双眼鏡で星ぼしの並びを見てください。

カシオペヤ座

　北極星を探し出すための指標にもなる星座の星の並び、アルファベットのW字形をまずは双眼鏡で見てください。β星、α星、γ星、χ星、ε星と見ていくと、星の数もたくさんあってにぎやかです。

ペルセウス座

　8月のお盆のころに、たくさんの流星が出現するペルセウス座流星群の名前としても知られている星座です。α

● **おひつじ座**

● カシオペヤ座

星付近の星のにぎやかなエリアや肉眼でもぼんやりと2個見えるのは、二重星団のhとχの散開星団です。双眼鏡で見るとなかなかすばらしい光景です。

ペルセウスの振り上げた剣付近のM76惑星状星雲も位置を確認しましょう。

また、ペルセウス座には食変光星アルゴルがあります。食変光星は、主星と少々暗い伴星が回り合い、その間に暗い星が明るい星の前を通過するなどして明るさの変化が生じるものです。この星は、「アルゴル型変光星」の代表格です。アルゴルの明るさは2.12等から3.39等まで、2.867日の周期で変化します。明るさの予報は天文年鑑にも掲載されています。変光星は、双眼鏡でのよい観察対象です。

冬の星空観察

まずは代表的な1等星で形作る「冬の大三角」を見つけましょう。南の空に見えるオリオン座の赤い星ベテルギウス、おおいぬ座の青白い星シリウス、やや黄色みがかった星のこいぬ座のプロキオン。この3つの星をつないだ正三角形が、冬の大三角です。

さらに大きく1等星を結ぶと、ダイヤモンドの形のような六角形が描けます。こいぬ座のプロキオンから、ふたご座のオレンジ色のポルックス、ぎょしゃ座の黄色いカペラ、そこから南側に下っておうし座のオレンジ色のアルデバラン、その下（南）のオリオン座の右足にあたる白い星リゲル、そのあとシリウスに結びます。これが「冬の大六角形」または「冬のダイヤモンド」とよばれる星の並びです。これらの1等星を、シリウスから順に双眼鏡で見て回りましょう。1等星の色とりどりの美しさを感じることができます。

それでは、このダイヤモンドの中に入り込みましょう。真っ先に見てほしいのはオリオン座の三ツ星です。双眼鏡で見ると、細かい星もたくさん存在

し、にぎやかです。

そのまま双眼鏡を真下の南側に振り下ろしてみてください。小三ツ星が入ってきて、中央部には星雲の広がりが見えます。これが、誰もが双眼鏡で真っ先に見てみたいと思う、オリオン大星雲M42です。

そこから、いっかくじゅう座のバラ星雲の場所を確認してみましょう。もちろんバラの花の形状がハッキリ見えるわけではありませんが、中央部には6個ほどの星が並んで見えます。

おおいぬ座のシリウスは全天一明るく、双眼鏡でのぞくととてもまぶしく見えます。そのシリウスの下には、散開星団のM41が見えます。さらにその左側に双眼鏡の視野を動かすと、とも座の散開星団M45とM46が2つ仲よく並んでいます。そしてぐっと上に目を向けると、ふたご座の足元にも散開星団M35があります。右上のぎょしゃ座にも散開星団がたくさんあり、大きな五角形の星の並びの中央部に双眼鏡を向けるといくつか見えます。

さらにその右下のおうし座の頭の部

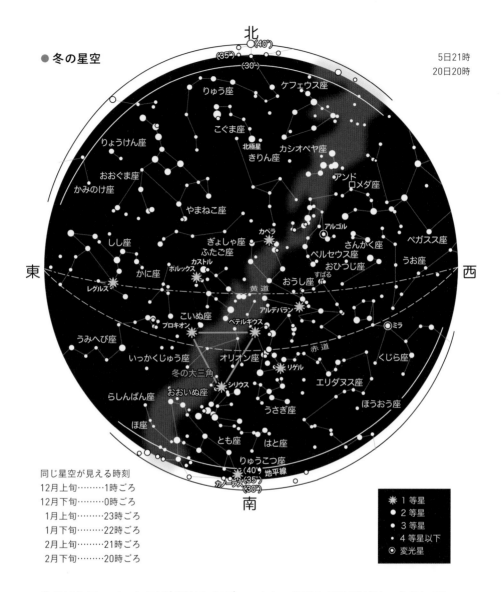

● 冬の星空

北
(40°)
(35°)
(30°)

りゅう座
ケフェウス座
こぐま座
北極星
きりん座
カシオペヤ座
りょうけん座
おおぐま座
かみのけ座
やまねこ座
アンドロメダ座
アルゴル
カペラ
さんかく座
ペガスス座
しし座
ぎょしゃ座
ふたご座
ペルセウス座
おひつじ座
うお座
カストル
ポルックス
おうし座
すばる
かに座
黄道
アルデバラン
東
レグルス
こいぬ座
ベテルギウス
ミラ
西
プロキオン
うみへび座
いっかくじゅう座
オリオン座
赤道
くじら座
冬の大三角
リゲル
エリダヌス座
らしんばん座
おおいぬ座
シリウス
うさぎ座
ほうおう座
ほ座
とも座
はと座
りゅうこつ座
(40°) 地平線
(35°)
カノープス (30°)

南

同じ星空が見える時刻
12月上旬………1時ごろ
12月下旬………0時ごろ
1月上旬………23時ごろ
1月下旬………22時ごろ
2月上旬………21時ごろ
2月下旬………20時ごろ

※ 1等星
● 2等星
・ 3等星
・ 4等星以下
◎ 変光星

分のアルファベットのV字形はヒヤデス星団で、肉眼でも見える大きな散開星団です。おうしの肩の部分にあたるM45（すばる）も散開星団です。

　冬の星空には、全天にある21個の1等星のうち多くが見えています。し

かし、明るい星や形がはっきりしている星座ばかりを追いかけるのではなく、暗い星の連なりのきりん座ややまねこ座、それにオリオン座の足元からうねうねと南側に伸びるエリダヌス座などにも双眼鏡を向けてみましょう。

冬の星空の見どころ

オリオン座

　冬を代表するオリオン座は、ベテルギウスとリゲルに囲まれた長方形が目立ちます。α星のベテルギウスは−1.3等星の真っ赤な星で、距離は地球から430光年です。脈動変光星で、太陽の700倍から1000倍にまで大きさが変化します。そのため、0.0等から1.3等まで明るさの変化を繰り返しています

● オリオン座の中心部

が、2020年初頭には2等台になったのではないかと目されています。

　ベテルギウスの西隣は1.64等のγ星ベラトリクス、右下の真っ白な星は0.13等のリゲル、そして左側はサイフで2.01〜2.09等の変光星です。

　オリオン座には「三ツ星」とよばれる、2等台の星の均等な間隔の並びがあります。左側（東側）が1.74等のζ星、真ん中が1.7等のε星、右側（西側）の2.23等のδ星です。

　その中でも、右側のδ星はほぼ天の赤道上（赤緯−00°18′）に位置しています。ですので「オリオン座は真東から昇って真西に沈みます」と表現することが多いのですが、この星が真東と真西に沈む星になります。

　左側のζ星に注目すると、この星の左側には、散光星雲NGC2024がへばりつくように見え、双眼鏡でも見ることができます。また、その下には暗黒星雲の馬頭星雲が存在していますが、見ることはできません。

　M78は、ζ星の左上に双眼鏡の同じ視野に見えます。淡いだけに位置の

● **冬の大三角形**

確認だけです。

　三ツ星の下には「小三ツ星」があります。肉眼でも小さめの星が3個縦に並んでいる感じですが、双眼鏡を向ければ、そこにオリオン大星雲M42が見えます。写真のように鳥の羽根を広げたようには見えませんが、中心部が明るくぼんやりと星雲に見えます。

いっかくじゅう座

　オリオン座の左側（東側）にある星座です。特徴はないですが、双眼鏡で星の並びを追いかけてください。いっ

かくじゅう座にはバラ星雲がありますが、双眼鏡ではバラの花の形状は一切見えません。その中にある散開星団のNGC2246は、小さな星が二列に並んでいるように見えます。

うさぎ座

　オリオンの足元にうさぎ座が見えています。うさぎの胸のところにある α 星でも2.58等の明るさですから、双眼鏡でこの近辺を見てください。この星の下の2.81等の β 星の下には、球状星団M79があります。そして、うさぎの

● おうし座

顔の部分の右側には真っ赤な星があります。うさぎの目の部分にあれば最高でしたが、うさぎ座のR星です。この星は脈動変光星で、周期は427日、明るさは肉眼で見えるぎりぎりではありますが5.5等から11.7等までの極端な変化があります。明るい時期に双眼鏡で見ると、その赤さに感動します。

エリダヌス座

この星座はうねうねと長い星の並びです。探し始める手がかりはオリオン座のリゲルです。

リゲルの右上に2.78等のβ星があります。ではα星はどこにあるのかというと、アケルナルがα星です。0.44等ですから、頭上に見える南半球では煌々と光り輝いています。ただし、日本国内で見えたとしても空低く、大気減光などのために、明るさはぐっと低くなります。

リゲルのすぐそばのエリダヌス座β星から、星図を頼りに双眼鏡でたどってみましょう。

おうし座

　牡牛の右目にあたるオレンジ色に輝く0.85等のアルデバランがα星です。この星は地球からは65光年のところにある超巨星で、太陽の直径の430倍もの大きさがあります。

　アルデバランを含めた、アルファベットのV字形に並んだ星の集まりがヒヤデス星団です。130光年のところにあり、星団としては地球に近く、肉眼的にも星団として見えています。

　牡牛の背中に、肉眼でも見える星団がもう一つあります。プレヤデス星団M45で、和名では「すばる」とよばれています。地球から410光年と近いところにあり、ヒヤデス星団とともに肉眼で充分見えます。

　アルデバランから出ている角の先に双眼鏡を向けてください。ここにはかに星雲M1があります。双眼鏡で位置を確認してください。超新星爆発したあとに出現した、残骸星雲です。

ぎょしゃ座

　おうし座のもう一方の角の先にある星は、β星1.65等のエルナトです。この星を借りて五角形を作っているのがこの星座です。

　一番明るく黄色っぽい星は、0.08等のカペラです。地球からの距離は42光年です。このカペラ周辺も見ものが多いですから、双眼鏡で見てください。

　ぎょしゃ座の五角形の中には散開星団が一列に3個並んでいます。肉眼で見るのは少々無理かもしれませんが、双眼鏡ではしっかり見えます。

ふたご座

　ふたご座は、ポルックスとカストルの兄弟の姿です。どちらがどちらか忘れたときには、ぎょしゃ座のカペラがある側が「カ」つながりでカストルと覚えてください。

● ふたご座

● **おおいぬ座**

　　ポルックスは1.16等で1等星に分類　　野を移動すると、その足元には散開星
されますが、カストルは1.58等で、1等　　団のM35があります。
星の定義の「1.5等星を含まない」こと　　**こいぬ座**
から2等星となります。　　　　　　　　　　こいぬ座のプロキオンは、冬の大三
　　そのカストルの足元まで双眼鏡の視　　角形を作る星の一つですが、2個の星

がおもな線の並びになっています。この星の明るさは0.4等です。α星、β星、γ星の3個が同一視野に入ってしまう小さな星座です。

おおいぬ座

おおいぬ座の主役は、全天21個ある恒星の中でもっとも明るい、青白い星シリウスです。明るさは−1.46等星、地球からの距離は8.6光年、直径は太陽の1.7倍です。双眼鏡では、このシリウスの右下に散開星団M41が寄り添っているように見えます。

このシリウスの南、地平線近くには−0.72等星のりゅうこつ座のカノープスがあります。私の勤務する福島県の滝根町にある星の村天文台では遠くの南の低い丘を転がるように、40分間だけ見ることができます。ただし、明るさは4〜6等級に減光しています。南に低く見えにくいため「長寿星」ともよばれてます。

はと座

はと座は、おおいぬ座の右下の方にあります。明るくない星の集まりですから、星図を見ながら星の並びを確認してください。

とも座

おおいぬ座の左下の方に、ちょっとにぎやかなところがあります。この辺りはとも座ですが、もともとはアルゴ船座という巨大な星座でした。現在では4分割され、とも座、りゅうこつ座、ほ座、らしんばん座となっています。これらは南半球ではほぼ頭上に見えますが、日本からは半分しか見えないものもあります。

シリウスの左手にある散開星団のM46とM47は、双眼鏡でもよく見えます。そのほか、あちらこちらに星団が潜んでいるので、双眼鏡でていねいに探し出してください。

● ぎょしゃ座

南天の見どころ

みなみじゅうじ座

　北半球の日本に住む私たちのあこがれは南十字星を見ることでしょう。南十字星はみなみじゅうじ座という星座です。

　日本でも与論島以南では、南十字星を確認できますが、南半球へ出かければ、楽に観察できます。

　みなみじゅうじ座は、全天でいちば

● **みなみじゅうじ座**

ん面積の小さな星座です。左側のケンタウルス座のα星、β星を目印に、みなみじゅうじ座であることを確認します。

　街明かりがないところでは、すぐ脇に石炭袋という真っ黒な部分があるのがわかります。双眼鏡を向けて脳裏に焼き付けてください。

　みなみじゅうじ座の4個の星のうち、右手のδ星が少々暗く、一見「く」の字にしか見えない感じがします。右手の方向にある「ニセ十字」の並びの方が大きめで、4個とも同じ明るさですから、初めて見る方はこちらをみなみじゅうじ座と勘違いしがちです。

　β星のすぐ下には、とても色合いの美しいことから宝石箱とよばれているNGC4755があります。南十字星を見たときにはこの宝石箱も忘れずにのぞいてみましょう。

りゅうこつ座

　この付近は、双眼鏡でのぞいて楽しいエリアです。また、この付近にはエータカリーナ星雲など絶好の観察対象があります。星雲を見ても色合いまでは

● 南天の天の川

なかなかわからないのですが、この星
雲は口径の大きな双眼鏡であれば少々
ピンク色に見えます。

　もう一つ注目されるのは、「ニセ十
字」です。十字が少々崩れた格好に

なっていますが ι 、κ 、δ 、ε の4星
が同じ明るさですから、こちらを南十
字と勘違いしてしまうことも多いです。

ケンタウルス座

　すでにみなみじゅうじ座の項目で α

● 大マゼラン星雲

大マゼラン星雲

　みなみじゅうじ座とともに南天で見たいものといえば、大小のマゼラン星雲です。肉眼でも見えますが、双眼鏡で見ると圧巻です。とくに大マゼラン星雲の中には、タランチュラ星雲が存在しているので、ぜひとも双眼鏡でじっくりと観察したいものです。

小マゼラン星雲

　きょしちょう座とみずへび座にまたがっていて、大マゼラン星雲よりは少々小さめですが肉眼でも見えます。こちらの星雲にはNGC104とNGC362の球状星団がお供するかのように存在しています。

カメレオン座

　天の南極の周りには目立たない星座が多くあります。天の南極のすぐそばのつぶれたひし形の星の並びがカメレオン座です。この星の並びとはちぶんぎ座の星の並びを合わせた方が、天の南極の導き方において見当をつけやす

星とβ星は登場しています。そのほか、日本でも南の地平線近くに双眼鏡でもぼんやりと確認できるω星団もあります。また、その右手方向はたいへんににぎやかな南十字星やエータカリーナ星雲に挟まれた区域です。λ星の付近もご覧ください。

はちぶんぎ座

　はちぶんぎ座には、「天の南極」があります。天の北極には2等星の北極星がありますが、こちらにはありません。

　大まかな場所としては、みなみじゅうじ座の中央の縦の星の並びを延長した付近に天の南極があります。この星座のδ星、β星、γ星で作る三角形から、星図を見ながら探しましょう。天の南極点も、2万6千年を周期とする歳差運動で移り変わります。

● 小マゼラン星雲

いと思います。

とびうお座

　この星の並び
は、魚といえばそ
うかなと思わせる
ものです。双眼鏡
の手助けがなけれ
ば、はっきりとは
わからないでしょ
う。

テーブルさん座

　この星座は小さな6個の星で成り
立っています。すぐ隣の大マゼラン星
雲から探し出した方が早いかもしれま
せん。

みずへび座

　小マゼラン星雲が存在している星座
です。この星雲があるために星座自体
の存在感が薄いですが、α星からβ星
まで双眼鏡で追いかけてみてください。

レチクル座

　大小マゼラン雲に挟まれるように存
在しています。とくにいるか座のひし
形のような並びが目立ちます。

くじゃく座

　この辺ではちょっと大きな星座で
す。α星はピーコックという1.94等の

星で、130光年のところにあります。

ぼうえんきょう座

　星の並びが緩やかにカーブしていて
明るい星が少ないので、わかりにくい
星座です。双眼鏡が役に立つでしょ
う。

さいだん座

　この星座に双眼鏡を向けるとα星、
β星、ζ星の三角形が目に入ります。

ふうちょう座

　この星座も天の南極付近に存在して
います。α星、β星、γ星でできたつ
ぶれた三角形をしています。

みなみのさんかく座

　今までに紹介した星座の中でも目
立った三角形の星の並びがあります。
α星、β星、γ星の3個の星を双眼鏡
でのぞいてください。

● エータカリーナ星雲

じょうぎ座

　じょうぎ座には、散開星団のNGC
6067とNGC6087が双眼鏡でも見えま
す。

コンパス座

　折りたたんだコンパスを思わせる星
の並びです。肉眼での確認は厳しいの
で、双眼鏡で星の並びを確認しましょ
う。

はえ座

　みなみじゅうじ座のすぐ下に星が集

まった一角があります。この部分がは
え座と思うしかないです。とにかく南
の星座は小さいものが集合していま
す。

南天の天の川

　みなみじゅうじ座付近には天の川が
流れています。頭上近くに差し掛かっ
たときなどは、石炭袋が真っ黒に、ま
るで天の川にぽっかりと穴が開いたか
のように見えます。この付近をしっか
りと双眼鏡で見てみてください。

第4章

星空観察星図

星空観察星図について

星図に記載した星座を形作る星座線は緑色の実線で結び、星座境界線は薄い水色の線で示しました。また、星座名と星座の略符号（緑色）を記載しました。

恒星は、6.49等より明るい恒星を採用しています。これらの恒星の中で、5.50等より明るい星については変光星と二重星を区別して記載しています。また、恒星の固有名については1等星、および代表的な恒星について記載しました。

星図には、天の北極付近は赤緯＋45°以上、天の南極付近では－45°以下、そして赤道部の星図では、赤経方向に6時間、赤経方向の120°（赤緯－60°から＋60°まで）の範囲を描いてあります。天の北極付近の星図および天の南極付近星図と赤道部の星図では、赤経方向に15°分の重なりを、赤道部の星図では赤経度方向に1時間の重なりを設けました。なお、2000.0年分点を採用しています。

見どころの天体には、双眼鏡の視野（7°）を青色の円で囲んであります。

星の動き

私たちが見上げている星ぼしは、地球の自転により北極星を中心に約1日、実際には、約23時間56分04秒で星空はひとめぐりします。このため、時間が経つと星は東から西へ1時間あたり約15°（約4分で1°）移動します。

東の空では、地平線から昇って星が右上へ動いていきます。南の空では星は地面と平行に、地平線に近いほど弧を描いて左から右へと動きます。西の空では、地平線へと沈んでいく星が右下へ動きます。北の空では北極星を中心に、反時計回りに星が動きます。

同じ星に注目すると、毎日約4分ずつ早く地平線上に昇ってきますが、1ヵ月後には、同じ星が約2時間も早く昇ってくることになります。また、地球の公転により、1年かけてまた星空は一回りしています。こうした星の動きを知っておくと、星空を観察するときに便利です。

なお、赤経の1hは15°、1mは15′、1sは15″に相当します。

星図の南中早見表

下の表は、赤道部の星図（星図2～7）の中央部が、各月の中旬の20時、24時、4時の4時間ごとの時刻に南中している（南の空に見える）星図の番号を示したものです。

この表から、実際に天体観測をする際に、必要な星図の番号を知ることができます。たとえば、5月中旬の20時には、星図5とその左右両サイドの星図4と6、22時の場合は星図5と6、さらにそれぞれ星図1（天の北極付近）が必要になります。また、同じ時期に南半球では星図1の代わりに星図8（天の南極付近）が必要となります。

星図の南中早見表

	20時	24時	4時
1月	3	4	5
2月	3～4	4～5	5～6
3月	4	5	6
4月	4～5	5～6	6～7
5月	5	6	7
6月	5～6	6～7	7～2
7月	6	7	2
8月	6～7	7～2	2～3
9月	7	2	3
10月	7～2	2～3	3～4
11月	2	3	4
12月	2～3	3～4	4～5

星図の使いかた

実際に星空の下の暗がりで星図を使用する際には、赤色LEDライトなど、減光したライトが必要です。見たい星空がどの番号の星図に載っているかを知りたい場合には、「星図の南中早見表」を参照してください。

ギリシャ文字の一覧表

ギリシャ文字	ギリシャ読み	日本での一般的なよび方
α	アルプ	アルファ
β	ベータ	ベータ
γ	ガンマ	ガンマ
δ	デルタ	デルタ
ε	エ・プシーロン	イプシロン
ζ	ゼータ	ゼータ
η	エータ	エータ
θ	テータ	シータ
ι	イオータ	イオタ
κ	カッパ	カッパ
λ	ランブダ	ラムダ
μ	ミュー	ミュー
ν	ニュー	ニュー
ξ	クシー	クシー
ο	オ・ミークロン	オミクロン
π	ピー	パイ
ρ	ロー	ロー
σ	シーグマ	シグマ
τ	タウ	タウ
υ	ユー・プシロン	ウプシロン
φ	フィー	ファイ
χ	キー	カイ
ψ	プシー	プサイ
ω	オー・メガ	オメガ

※日本ではギリシャ読みと英語読みが交ざって使われ、なまって慣用されている読み方もあります。

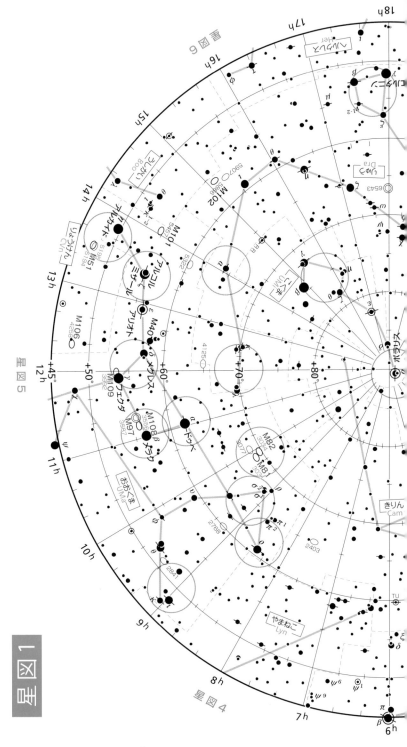

星図1

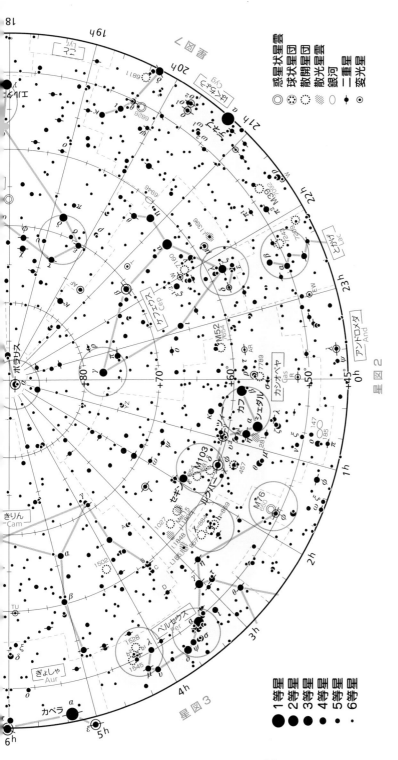

星図2

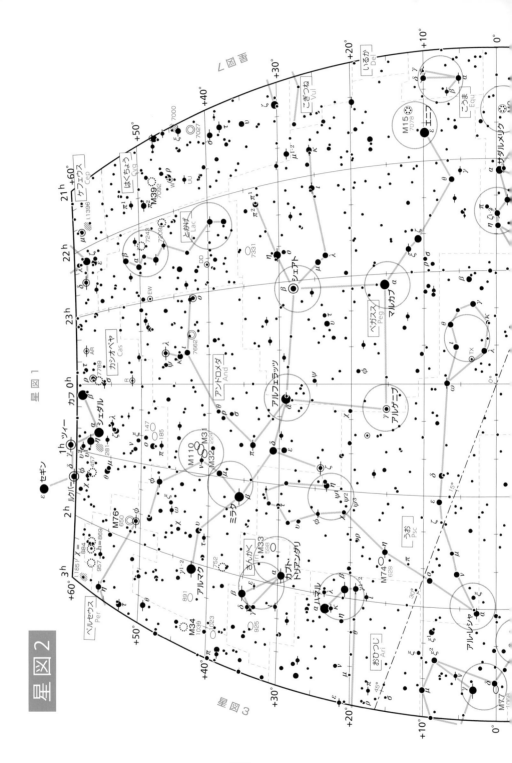

星図2

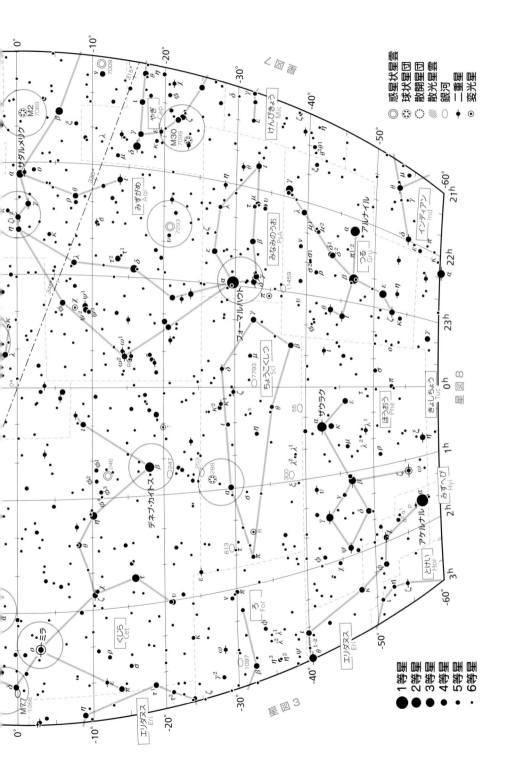

星図7

● 惑星状星雲
● 球状星団
● 散開星団
● 散光星雲
○ 銀河
● 二重星
◎ 変光星

● 1等星
● 2等星
● 3等星
● 4等星
・ 5等星
・ 6等星

星図8

星図3

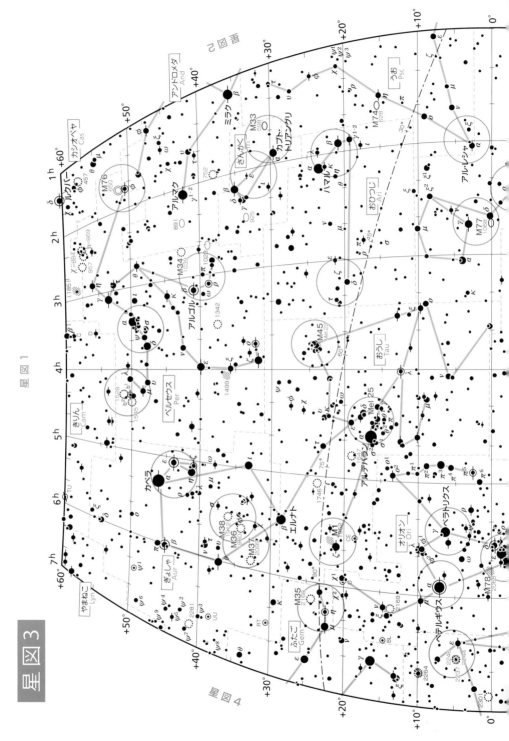

星図1

星図3

星図4

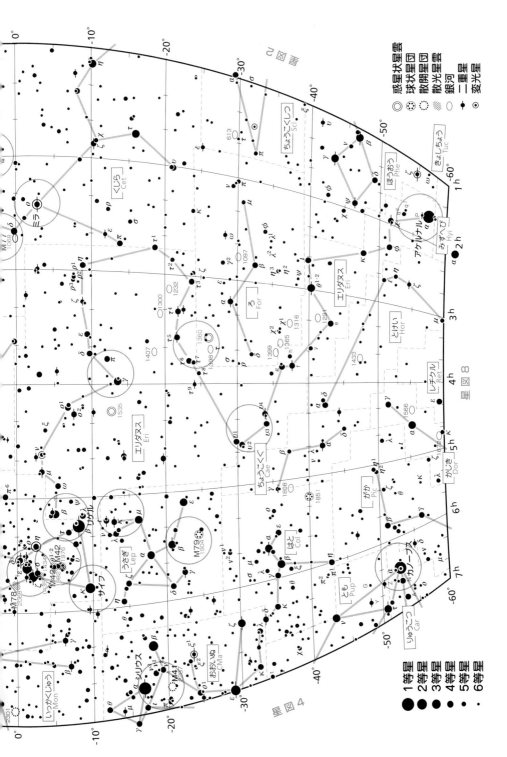

南図 2

◎ 惑星状星雲
⊛ 球状星団
⊙ 散開星団
▨ 銀河
•—• 二重星
◉ 変光星

くじら
Cet

ちょうこくしつ
Scl

ほうおう
Phe

きょしちょう
Tuc

アケルナル
みずへび
Hyi

フォルナクス
For

エリダヌス
Eri

とけい
Hor

レチクル
Ret

星図 8

エリダヌス
Eri

ちょうこくぐ
Cae

かじき
Dor

がか
Pic

リゲル
β

うさぎ
Lep

M79

はと
Col

カノープス
りゅうこつ
Car

とも
Pup

オリオン

シリウス
α
おおいぬ
CMa

M41

いっかくじゅう
Mon

星図 4

● 1等星
● 2等星
● 3等星
● 4等星
• 5等星
· 6等星

103

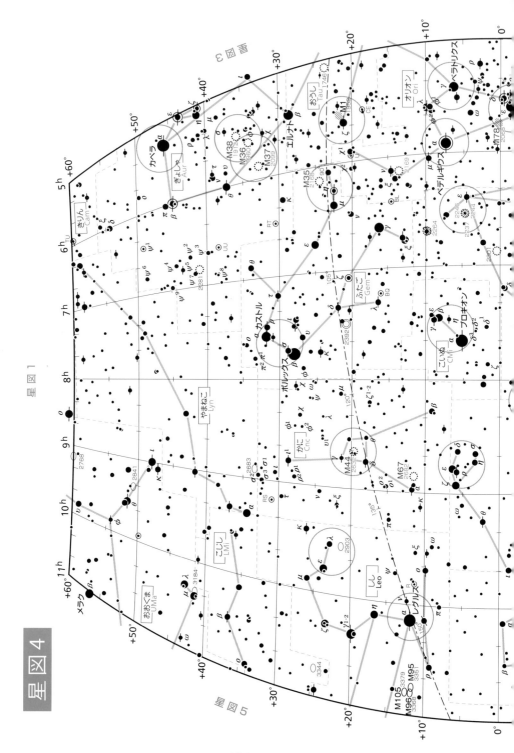

星図 4

星図 1

星図 3

星図 5

104

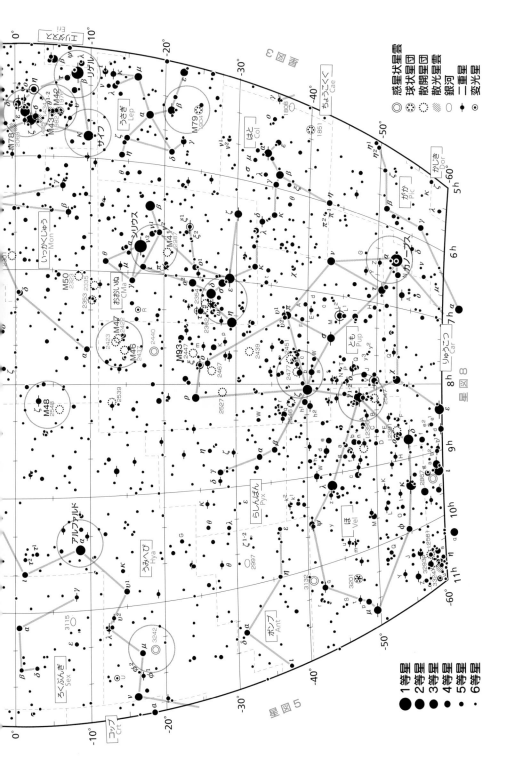

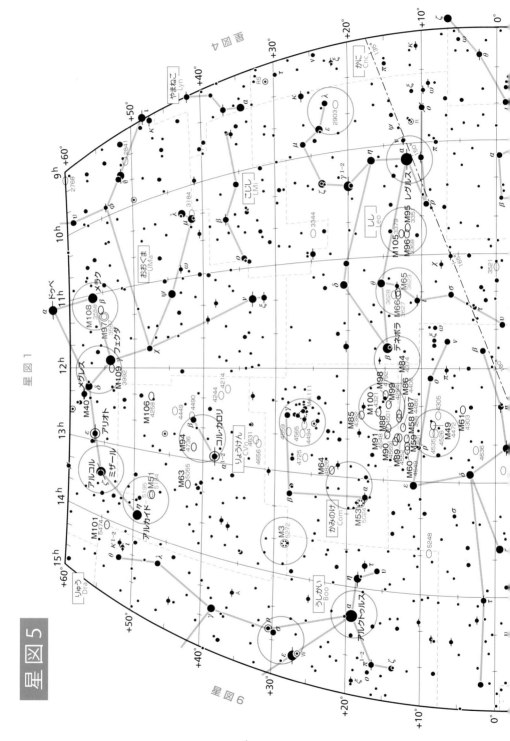

星図5

106

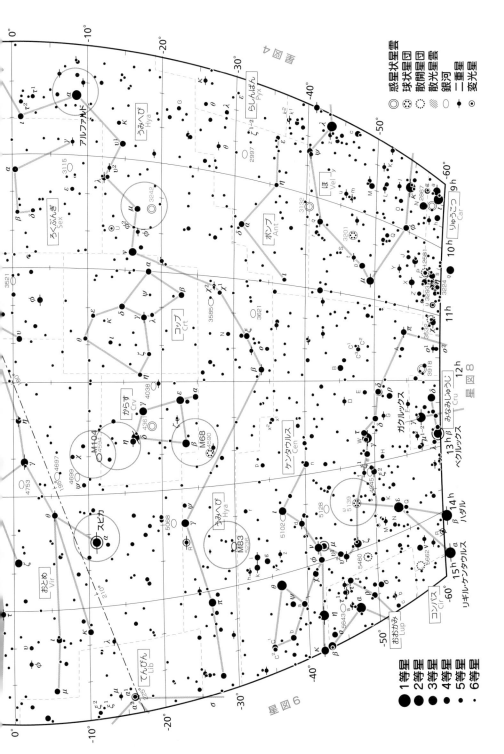

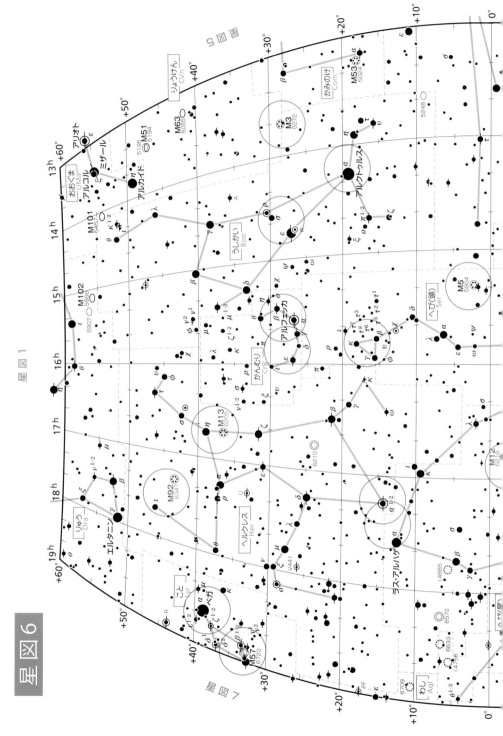

星図6

星図1

108

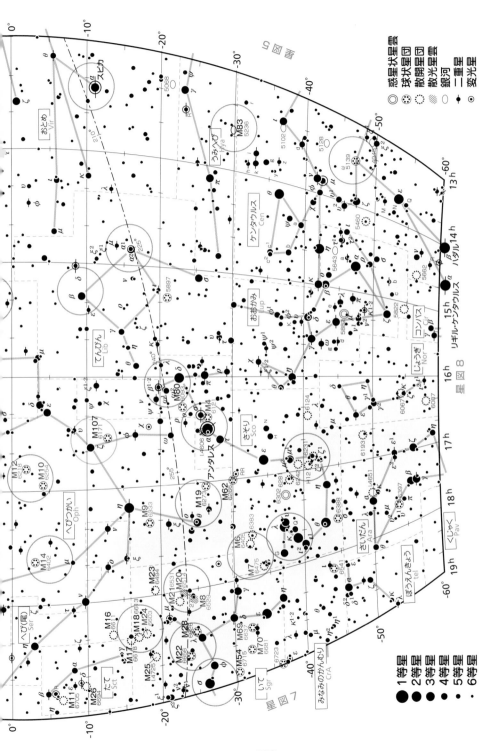

星図 8

星図 7

109

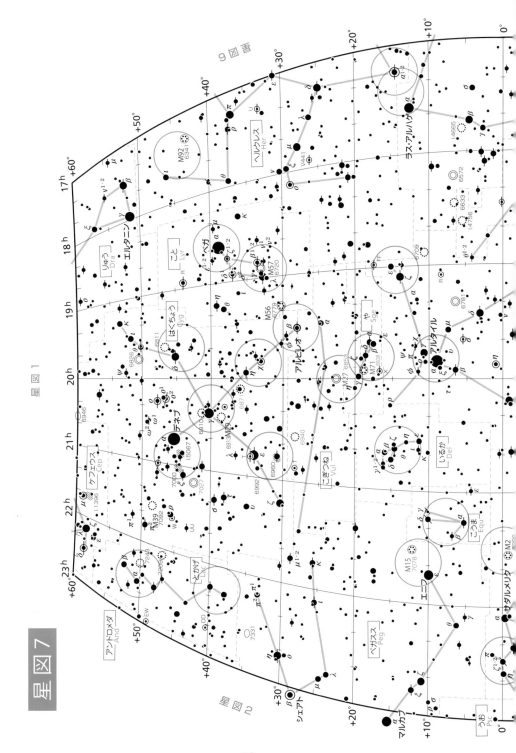

星図7

星図1

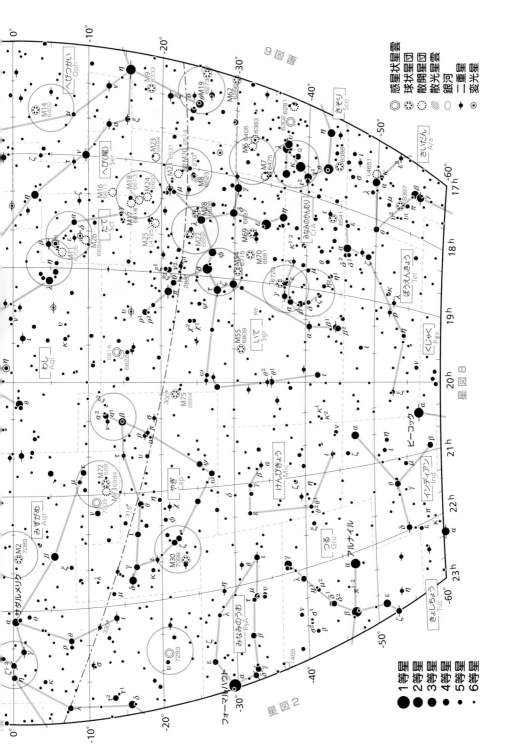

凡例:
- ◎ 惑星状星雲
- ⊛ 球状星団
- ○ 散開星団
- ░ 散光星雲
- ○ 銀河
- ● 二重星
- ◉ 変光星

等級:
- ● 1等星
- ● 2等星
- ● 3等星
- ● 4等星
- · 5等星
- · 6等星

星座名:
へびつかい Oph
へび（尾）Ser
さそり Sco
さいだん Ara
みなみのかんむり CrA
ぼうえんきょう Tel
くじゃく Pav
わし Aql
いて Sgr
やぎ Cap
けんびきょう Mic
インディアン Ind
つる Gru
きょしちょう Tuc
みずがめ Aqr
みなみのうお PsA

主な天体:
M14 6402
M9 6333
M19
M62 6266
M6 6405
M6383
M6 6405
M7 6475
M6281
M6388
M23 6494
M20 6514
M21 6531
M2 6523
M8 6523
M24
M18 6613
M16 6611
M17 6618
M25 (4725)
M28 6637
M69 6637
M7 6475
M22 6656
M28
M70 6681
M54 6715
M6723
M55 6809
M30 7099
M75 6864
M72 6981
M73 6994
M2 7089
M2 7094
7009
6818
6822
7293
6397
6541
4651
6388
6281
6818
6822
6818
6822
459

恒星名:
サダルメリク
フォーマルハウト
アルナイル
ピーコック

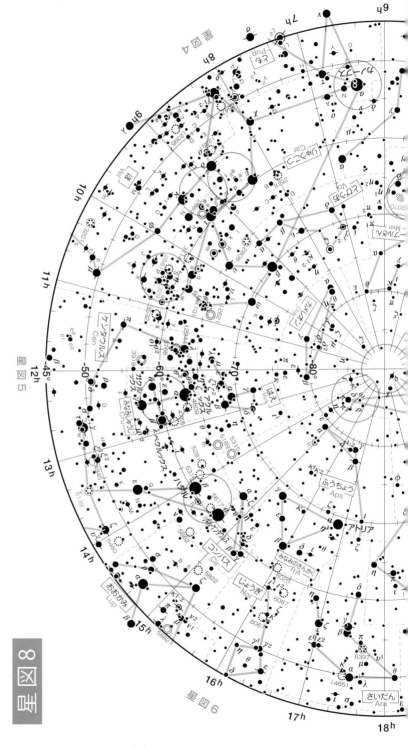

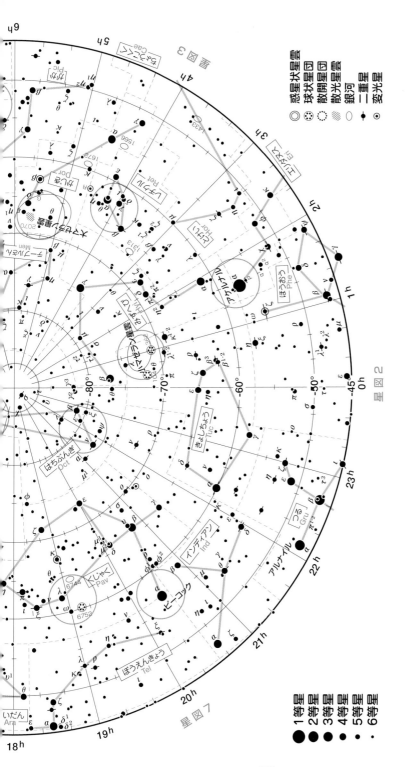

星図 2

星図 3

星図 7

惑星状星雲
球状星団
散開星団
散光星雲
銀河
二重星
変光星

1等星
2等星
3等星
4等星
5等星
6等星

113

いて座の天の川ではM8、M20、M16などのメシエ天体が楽しめます

第5章

双眼鏡の選びかた

双眼鏡選びのポイント

星がよく見える双眼鏡って？

双眼鏡の良いところは、天体望遠鏡にくらべて軽量かつコンパクトで、星空観察が手軽にできることです。そして双眼鏡を使うことで、肉眼では見えないような暗い星まで簡単に見ることができます。より暗い星を明るく鮮明に見たい場合には、対物レンズの口径が大きなものの方が有利になります。

人が暗い環境で星空を眺めたときのひとみの大きさ（ひとみ径）は、一般的に最大7mmといわれています。これは口径7mmのレンズで星を見ていることに相当します。

星の光はとても弱いので、できるだけ明るく、かつ鮮明に見えることができるように、より口径が大きな双眼鏡、かつ、ひとみ径が8〜6mm程度の、ひとみ径の大きな双眼鏡が、天体がよく見えるといわれています。

また、倍率の選択も大切です。双眼鏡の良さの一つは手持ちで観察ができることで、むやみに高倍率のものを選ぶ必要はなく、7〜10倍程度のものが使いやすいでしょう。

双眼鏡の性能

双眼鏡の性能をくらべる場合には、口径、倍率、実視界、見かけ視界などの性能スペックを参考にします。それらの数値をくらべることで、双眼鏡のおおよその能力がわかります。さらに見え味などにこだわる場合には、ポロプリズムやダハプリズムといった双眼鏡の光学系や、EDレンズやフローライトなどの対物レンズの硝材、レンズやプリズムのコーティングの仕様、そして外観なども検討要素となります。

それに加え、実際の使用時には、アイレリーフの長さ、双眼鏡のフォールド感、自分の体格に合っているかなど、実際に双眼鏡をのぞくときの様子や、持ち歩くときのことをイメージしてみます。たとえば車を使わず持ち歩き、いろいろな場所で星空を観察するのであれば、大きくて重い双眼鏡は持ち歩

くだけでたいへんな荷物と労力になります。

また、三脚などを使って双眼鏡を固定して使う場合には問題はありませんが、長時間手持ちで星空を眺める際には、双眼鏡の重さとバランス(重心)の位置も重要です。

どんな双眼鏡を選んだらいいの?

大切なことは、値段に惑わされないことです。高ければ高性能だとか、お買い得だから買うというのではなく、どの天体を見たくて、どのように使うのかを具体的にイメージしてみましょう。

そして、カタログを見て検討したうえで、販売店の店頭で、実際に双眼鏡を手に取ってのぞくことができればベストです。いろんな機種の双眼鏡を見くらべ、いちばんのぞきやすく、自分の感覚に合った双眼鏡を選ぶことをおすすめします。また、天体望遠鏡ショップや双眼鏡コーナーを持つ量販店であれば、疑問があれば専門知識を持つスタッフに質問や相談をすることもできます。それがむずかしい場合には、知り合いの天体観測のベテランの方に聞くのもいいでしょう。

販売店でベテランの方の説明を受け、見え味やサイズ感を実際に確かめるのがおすすめです。

30mmクラスの双眼鏡

双眼鏡の良さは手に持って気軽にのぞくことができることです。口径30mmクラスの双眼鏡は、小さくて軽量ですから、子どもや女性など手の小さな人でも握りやすい大きさで、長時間にわたり星空を眺めていても苦になりません。

天体観測している最中でも首にかけていても苦にならず、持ち運びも楽です。必要に応じすかさず空に向けることができます。首から下げる場合には、ストラップはできるだけ短くします。

30mmと小さめの口径ですが、暗い星々の光を集めるのにも威力を発揮します。肉眼で見る星とは比較になりません。

このクラスの双眼鏡は、小さな星座を見たり、暗い星で形作られる星座の星の並びをたどったりするときなどに活躍します。また、夜空が暗く天の川を見ることができる場所で、大きくて明るめの星雲や星団の位置を確認したり、皆既月食などを観察するのもよいでしょう。

私は皆既日食など海外に天体観測に出かけるときに、30mmクラスの双眼鏡を持って出かけます。

**ケンコートキナー
ウルトラビュー EX OP
10×32 WDHIII**

口径32mm　倍率10倍
実視界6.5°　見かけ視界59.2°
明るさ10.2　ひとみ径3.2mm
アイレリーフ15.3mm　最短合焦
距離2.5m　高さ138×幅127.3
×厚さ52mm　重量470g

30mm GLASS

ビクセン HR
8×32WPアトレックII

口径32mm 倍率8倍
実視界7.5° 見かけ視界
60.0° 明るさ16.0 ひと
み径4.0mm アイレリーフ
15.0mm 最短合焦距離
約1.2m 高さ109×幅119
×厚さ43mm 重量390g

ビクセン アスコット
8×32WP

口径32mm 倍率8倍
実視界8.2° 見かけ視界
65.6° 明るさ16.0 ひと
み径4.0mm アイレリーフ
16.0mm 最短合焦距離
約4.5m 高さ113×幅177
×厚さ58mm 重量830g

ビクセン フォレスタII
HR 8×32WP

口径32mm 倍率8倍 実視
界8.1° 見かけ視界64.8° 明
るさ16.0 ひとみ径4.0mm
アイレリーフ16.5mm 最短
合焦距離約3.0m 高さ135
×幅132×厚さ50mm 重量
605g

フジノン KF
8×32H-R

口径32mm 倍率8倍 実
視界7.5° 明るさ16.0 ひ
とみ径4.0mm アイレリー
フ15.0mm 最短合焦距離
2.5m 高さ117×幅132×厚
53mm 重量540g

コーワ BD II
3.2-6.5XD

口 径32mm　倍 率6.5倍
実 視界10.0°　1000m視界
175m　明るさ24.5　ひと
み径4.9mm　アイレリーフ
17.0mm　最短合焦距離
1.3m　高さ116×幅124×
厚さ51mm　重量535g

コーワ YF-36

口 径30mm　倍 率6倍　実
視 界8.0°　1000m視界140m
明るさ25.0　ひとみ径5.0mm
アイレリーフ20.0mm　最短
合焦距離5.0m　高さ114×
幅160×厚さ48mm　重量
470g

ツアイス コンクエスト
HD 8×32

口 径32mm　倍 率8倍
1000m視界140　見かけ
視 界64°　薄暮係数16.0
ひとみ径4.0mm　アイレ
リーフ16.0mm　最短合
焦距離1.5mm　高さ132
×幅118mm　重量630g

ツアイス テラED
8×32ED

口 径32mm　倍 率8倍
1000m視 界135　見 かけ
視 界60°　薄暮係数18.3
ひとみ径4.0mm　アイレリ
ーフ16.5mm　高さ125×
幅117mm　重量510g

サイトロン
SⅢ 832ED

口径32mm　倍率8倍
実視界7.5°　1000m視界
131m　明るさ16.0　ひと
み径4.0mm　アイレリーフ
17.0mm　最短合焦距離
3.0m　高さ122×幅130×
厚さ47mm　重量600g

ニコン 8×30EⅡ

口径30mm　倍率8倍
実視界8.8°　見かけ視界
63.2°　明るさ14.4　ひと
み径3.8mm　アイレリーフ
13.8mm　最短合焦距離
3.0m　高さ101×幅181×
厚さ54mm　重量575g

サイトロン
SⅢ MS832

口径30mm　倍率8倍
実視界7.5°　1000m視界
131.1m　明るさ16.0　ひ
とみ径4.0mm　アイレリー
フ15.3mm　最短合焦距
離2.5m　高さ116×幅129
×厚さ53mm　重量560g

ケンコートキナー
7×32SG SWA WOP

口径32mm　倍率7倍
実視界13.5°　見かけ視界
79.3°　明るさ21.2　ひと
み径4.6mm　アイレリーフ
7.5mm　最短合焦距離
3.2m　高さ109×幅160×
厚さ71mm　重量670g

30mm CLASS

40mmクラスの双眼鏡

口径40mmの双眼鏡は、8倍、10倍の倍率で、ダハプリズムの双眼鏡がほとんどです。とくに、8×42や10×42のダハプリズム双眼鏡は、双眼鏡メーカーがしのぎを削る激戦区です。それだけに星空観察に向いている双眼鏡が多くあります。

同じ天体を、口径30mmの双眼鏡とのぞきくらべてみると、口径40mmの双眼鏡では像の明るさがより一段と明るく感じ、そしてより鮮明に見えます。微光星の中に漂う、星雲や星団など暗い星ぼしを見たくなるという意欲をかき立ててくれます。

夏の天の川が流れるさそり座やいて座付近は、40mmクラスの双眼鏡でのぞくと、暗黒星雲が入り混じって黒っぽい筋が見えるものです。また星雲星団も数多く見えるので、一段と星空観測が楽しくなります。そして、夏の天の川ばかりでなく、冬の天の川も楽しめます。

倍率が10倍を超える高倍率の双眼鏡は、二重星の観察にも役に立ちます。また、人工衛星を追うのもよいでしょう。肉眼では無理でも、双眼鏡ではすばらしいものを味わうことができます。

ビクセン
HR 8×42WP アルテス

口径42mm 倍率8倍 実視界7.0°
見かけ視界56.0° ひとみ径5.3mm
アイレリーフ19.0mm 最短合焦
距離約3.6m 高さ146×幅130×厚
さ53mm 重さ700g

40mm CLASS

サイトロン
SⅢ 842 EDⅡ

口径42mm　倍率8倍　実視界7.0°　1000m視界131m　明るさ27.5　ひとみ径5.25mm　アイレリーフ18.0mm　最短合焦距離2.0m　高さ133×幅134×厚さ53mm　重量740g

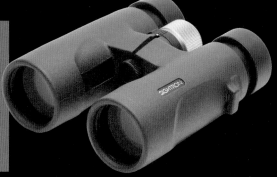

ビクセン フォレスタⅡ
HR 8×42WP

口径42mm　倍率8倍　実視界8.1°　見かけ視界64.8°　ひとみ径5.3mm　アイレリーフ17.0mm　最短合焦距離約3.0m　高さ151×幅132×厚さ52mm　重量610g

ビクセン アスコット
ZR 8×42WP（W）

口径42mm　倍率8倍　実視界8.2°　見かけ視界65.6°　明るさ28.1　ひとみ径5.3mm　アイレリーフ18.0mm　最短合焦距離約6.0m　高さ133×幅181×厚さ59mm　重量870g

サイトロン
SⅢ 842 ED

口径42mm　倍率10倍　実視界6.6°　見かけ視界66°　明るさ17.6　ひとみ4.2mm　アイレリーフ16.7mm　最短合焦距離1.8m　高さ175×幅144×厚さ57mm

サイトロン
SV 1042 ED

口径42mm　倍率10倍　実視界6.6°
見かけ視界66°　明るさ17.6　ひとみ
径4.2mm　アイレリーフ16.7mm
最短合焦距離1.8m　高さ175×幅144
×厚さ57mm

ライカ ノクチビット
8×42

口径42mm　倍率8倍
1000m視界112m　アイレ
リーフ19.0mm　最短合焦
距離1.9m　高さ150×幅124
×厚さ58mm　重量860g

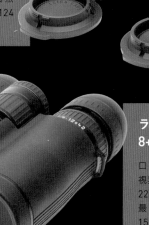

ライカ デュオビット
8+12×42

口径42mm　倍率8/12倍　1000m
視界118m／90m　薄暮係数18.3／
22.5　ひとみ径5.25mm／3.5mm
最短合焦距離3.5m　高さ120×幅
157×厚さ67mm　重量約1045g

フジノン
KF8×42H

口径42mm　倍率8倍　実視
界7.5°　明るさ16.0　ひと
み径4.0mm　アイレリーフ
15,0mm　高さ117×幅132×
厚さ53mm　重量540g

ケンコー・トキナー
アバンター 8×42 ED DH

口径42mm　倍率8倍　実視界
7.0°　見かけ視界52.1°　ひとみ
径5.3mm　アイレリーフ19.0mm
最短合焦距離3m　高さ140×幅
132×厚さ51mm　重量610g

コーワ
ジェネシス 44 プロミナー

口径44mm　倍率8.5　実視界
7.0　薄暮係数19.3　ひとみ径
5.2mm　アイレリーフ18.3mm
最短合焦距離1.7m　高さ165×幅
138×厚さ64mm　重量940g

スワロフスキー
EL8.5×42

口径42mm　倍率8.5倍
実視界6.4°　1000m視界
133m　薄暮係数20.5　ひ
とみ径4.9mm　アイレリ
ーフ20mm　最短合焦距
離1.8m　高さ61×幅131×
厚さ53mm　重量800g

40mm CLASS

50mmクラスの双眼鏡

ダハプリズムの双眼鏡が普及するまで、ポロプリズムの5cm7倍（7×50）双眼鏡が、星空観察に向いている双眼鏡だといわれてきました。

その理由は、ひとみ径の大きさが7mmであることです。人のひとみの大きさは、暗所では最大約7mmになるので、ひとみ径が7mmであれば、ロスなく集めた光を見ることができるとされていたからです。ただ、最近では、このスペックにこだわる必要はなく、

その座を口径42mmのダハプリズムの双眼鏡に取って変わられています。

海外の漆黒の夜空が広がるベストな空では性能を発揮できますが、日本では夜空は明るく、ひとみ径の大きな双眼鏡でのぞくと、コントラストが悪くなり、星が見えにくくなります。かえって、若干ひとみ径が小さい6〜5mmぐらいの方が見やすいのでは？と思います。

50mmクラスになると、双眼鏡の重量が大きくなり、ビノホルダーをカメラ三脚に取り付けての観察は必須でしょう。

ツアイス コンクエスト HD 10×56

口径56mm　倍率10倍　1000視界115m　見かけ視界66.0°　薄暮係数23.7　ひとみ径7.0mm　アイレリーフ18.0mm　高さ201.5×幅145mm　重量1275g

50mm CLASS

ニコン モナーク5
20×56

口径56mm　倍率20倍　実視界3.3°　見かけ視界59.9°　明るさ7.8　ひとみ径2.8mm　アイレリーフ16.4mm　最短合焦距離5.0m　高さ199×幅146×厚さ67mm　重量1235g

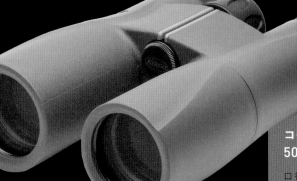

サイトロン SIII
1250 ED

口径50mm　倍率12倍　実視界5.0°　1000m視界87.5m　明るさ17.36　ひとみ径4.16mm　アイレリーフ16.0mm　最短合焦距離3.0m　高さ146×幅149×厚さ60mm　重量885g

コーワSVII
50-10

口径50mm　倍率10倍　実視界5.0°　1000m視界115m　明るさ25.0　ひとみ径5.0mm　アイレリーフ19.5mm　最短合焦距離5.5m　高さ178×幅133×厚さ740mm　重量740g

ケンコーArtos
7×50

口径50mm　倍率7倍　実視界8.2°　見かけ視界57.9°　ひとみ径5.3mm　アイレリーフ17mm　最短合焦距離5.5m　高さ138.5×幅178×厚さ73mm　重量880g

ビクセン アスコット
ZR 10×50WP（w）

口径50mm　倍率10倍　実視界6.5°　見かけ視界65.0°　明るさ25.0　ひとみ径5.0mm　アイレリーフ18.0mm　最短合焦距離約9.0m　高さ170×幅183×厚さ63mm　重量1040g

ニコン 7×50 SP
防水型

口径50mm　倍率7倍　実視界7.3°　見かけ視界48.1°　明るさ49.0　アイレリーフ18mm　最短合焦距離3.5m　高さ201.5×幅145mm　重量1275g

ニコン WX
7×50 IF

口径50mm　倍率7倍
実視界9.0°　見かけ視界
76.4°　明るさ25.0　ひと
み径5.0mm　アイレリーフ
15.3mm　最短合焦距離
20.0m　高さ291×幅171×
厚さ80mm　重量2505g

フジノン10×70
FMT-SX

口径70mm　倍率10倍
実視界5.18°　明るさ49.0
ひとみ径7.0mm　アイレリ
ーフ23mm　高さ280×幅
238m　重量1960g

50mm CLASS

70mmクラスの双眼鏡

口径70mmクラスになると、解像力が高まるとともに、16倍や20倍といった高倍率の双眼鏡もあり、天体の細部まで見えるようになります。双眼鏡の大きさ・重量も大きくなり、手持ちでの星空観測はきびしくなります。実際に手持ちで星空をのぞくと、長時間の観察は困難なことがわかります。

このクラスの双眼鏡では、観察の際にはビノホルダーを使って三脚に双眼鏡を固定して使います。そうすれば、10倍や20倍のような高倍率であっても、長時間にわたって星空観察を堪能することができます。

星雲や星団の観察はもちろん、彗星の観察では、頭の部分から長く伸びた尾の複雑さもじっくり味わえます。さらに、星ぼしが月に隠される恒星食の現象も、月の裏側に星が隠される様子がしっかり観察できます。

そして私が感動したのは三日月をのぞいたときです。夕空の中、星ぼしをバックに、地球照の暗部と明部の美しいコントラスト対比とともに立体的に見える月は、宇宙空間を感じることができました。

フジノン 10×70
FMT-SX

口径70mm　倍率10倍
実視界51.8°　明るさ49
ひとみ径7.0mm　アイレリーフ23.0mm　高さ280×
幅238mm　重量1930g

70mm CLASS

ニコン10×70SP
防水型

口 径70mm　倍 率10倍
実 視 界5.1°　見 か け 視 界
51°　明 る さ19　ひ と み
径7.0mm　アイレリーフ
16.3mm　最短合焦距離
25m　高さ264×幅122×
厚さ34.2mm　重量2100g

ミザール
SKB1170

口 径70mm　倍 率11倍
実視界4.2°　明るさ40　ひ
とみ径4.0mm　アイレリー
フ18mm　最 短 合 焦 距 離
高 さ274×幅210×厚 さ
83mm　重量1300g

サイトロン SAFARI
BC25×100

口径100mm　倍率25倍
実 視 界3°　明るさ16　ひ
とみ径4.0mm　アイレリー
フ15mm　最 短 合 焦 距 離
24m　高さ470×幅300×
厚さ170mm　重量3969g

防振機能付き双眼鏡

双眼鏡を使った星空観察で、もっとも苦労するのは手振れを少なくすることです。体の揺れで、のぞいている双眼鏡の視界が動くと、細部まで観察することができません。双眼鏡を三脚に固定してしまえば問題解決なのですが、"手持ちで気軽に星空を楽しむことができる"双眼鏡の良さが薄れます。防振機能をONにすると手振れが解消されるので、視野の中にある暗い星までじっくり観察することができます。このように、防振双眼鏡は星空の観察でも大いに活躍し、愛用者も数多くいます。

そもそも防振機能付の双眼鏡は、船舶やヘリコプター、飛行機から救援捜索など、生命に関わるような厳しい現場でも活躍するように作られました。

ツアイスなど、電池を使わず機械的な防振機構を持つ双眼鏡は、古くからありましたが、とても高価で星空観察に使うことはありませんでした。最近は、電子技術を導入して比較的安価で購入できる双眼鏡も登場しています。

防振機能付双眼鏡は、ぶれないことを売りにしていることもあり、口径の大きさに対して倍率がおおむね高めです。手持ちで星ぼしを見たとき「ぶれないことは、すばらしい」ことが実感できます。

ツアイス
20×60S

口径60mm　倍率20倍　実視界52°　見かけ視界60°　ひとみ径3.0mm　アイレリーフ13.0mm　最短合焦距離14m　高275×幅161mm

Anti vibration

ビクセン H12×30アテラ

口径30mm　倍率12倍　実視界4.2°　見かけ視界47.5°　ひとみ径2.5mm　アイレリーフ17.5mm　最短合焦距離約2.5m　高さ14.9×幅10.8×厚さ62mm　重量422g（電池別）

ケンコー・トキナー
VC スマート 10×30

口径30mm　倍率10倍　実視界5.2°　見かけ視界48.8°　明るさ9.0　ひとみ径3.0mm　アイレリーフ14.0mm　最短合焦距離3.5m　高さ147×幅124×厚さ51mm　重量515g

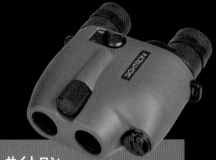

フジノン TECHONO-STABI
TS16×28

口径28mm　倍率16倍　実視界4.0°　見かけ視界58.4°　明るさ3.1　ひとみ径4.0mm　アイレリーフ16.0mm　最短合焦距離2.5m　高さ120×幅148×厚さ74mm　重量560g

サイトロン
S III BL 1021 STABILIZER

口径21mm　倍率10倍　実視界4.8°　見かけ視界45.5°　ひとみ径2.1mm　アイレリーフ16.0mm　最短合焦距離3m　高さ125×幅110×厚さ60mm　重量320g（電池別）

キヤノン
10×42 L IS WP

口径42mm　倍率10倍　実視界6.5°　ひとみ径4.2mm　アイレリーフ16.0mm　最短合焦距離2.5m　高さ137×幅175.8×厚さ85.4mm　重量1110g（電池別）

個性的な双眼鏡

コンパス搭載双眼鏡

双眼鏡の用途目的は数多くあり、星空観察での使用は、ほんのごく一部です。双眼鏡には機能を持たせた双眼鏡があり、GPSやコンパス（方位磁石）を搭載した双眼鏡もあります。星空観察では、月出や月没の正確な方角がわかる、コンパス付きの双眼鏡があると便利です。

コンパス付きの双眼鏡は、大型船やヨットなどの海上航行で使われることが多く、完全防水の機能を持ち合わせています。

超広視界双眼鏡

天体観測で使われる双眼鏡は、倍率が8倍や10倍が多く、それらの双眼鏡の見かけ視界は、実視界で8度程度です。ここで紹介する超広視野双眼鏡の倍率は2倍程度ですが、その視界は実視界で30度近くあり、超広視界が得られます。

通常のガリレオ式双眼鏡は視野が狭く、星空観察に使うにはのぞきにくいです。しかし対物レンズを極端に大きくすることで、広視界が得られます。昼間の風景では、あまり感じませんが、夜空の星をのぞくと、驚きます。

これらの超広視界双眼鏡で星空をのぞくと、肉眼にくらべて1等級くらい暗い星まで見えるようになります。その手軽さから、肉眼で空を見ていて急に星が増えたような錯覚を覚えます。これらの双眼鏡は、夜空の明るい都会での星座観察や流星観察に向いています。

フジノン マリナー 7×50 WPC-XL

口径50mm 倍率7倍 実視界7.0° 明るさ5.1 ひとみ径7.1mm アイレリーフ18.0mm 高さ178×幅200×厚さ76mm 重量910g

Special function

笠井トレーディング
ワイドビノ28

口径40mm　倍率2.3倍
実視界28°　高さ123×幅
40×厚さ50mm　重量
255g

サイトロン
StellaScan 2×40

口径40mm　倍率2倍
実視界24°　最短合焦距離
2.0m　高さ41×幅50×厚
さ121mm　重量230g

ビクセンSG
SG2.1×42

口径42mm　倍率2.1倍
実視界12.2°　見かけ視界
25.2°　アイレリーフ8.4mm
最短合焦距離2.0m　高さ
46×幅128×厚さ54mm
重量410g

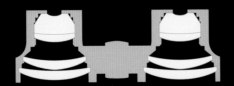

ガリレオ式の光学系は対物レンズが凸、接眼レンズが凹レンズで、正立像となりますです。対物レンズを大きくして、視野が狭いことを補うとともに、明るくそして広視野の星空観察に向いた双眼鏡となりました。

大型双眼鏡

　メーカー各社から、さまざまな形態の大型双眼鏡が発売されています。大口径で高倍率であるほど、星雲星団を見たときにより明るく見えます。接眼部は直視型、中空から頭上が見やすい45度型、それに90度対空型の3種類があります。購入時から三脚やピラー脚がセットになっている機種もあります。

　天の川の方向に向けてみると、暗黒帯の黒い筋が明るい部分を覆っている様子や、その中に星雲星団がくっきりと浮かび上がる様子が見えます。また月を見ると、一段と立体感のあるまん丸なお月様に見えます。皆既月食中の赤く染まった月も美しく見え、あのように感動したことはないほどでした。三日月もぜひ見てください。地球照状態の月はとても美しいものです。

　大型双眼鏡は、彗星捜索家にも愛用されています。新彗星を捜索するには、夕方の西空や明け方の東空に双眼鏡を向けて、ち密な動かし方で捜索します（p.50参照）。また、大きな彗星が来たときには、長い複雑な尻尾の姿まで見えるでしょう。

ビクセン
HF2-BT81S-A
（双眼望遠鏡）

口径81mm　高さ155×幅190×厚さ480mm　重量4100g

Large model

ニコン 25×120

口径120mm　倍率25倍　実視界2.9°
ひとみ径23mm　アイレリーフ4.8mm
最短合焦距離210m　高さ672×幅160
×厚さ454mm　重量14600g

コーワ
ハイランダー・
プロミナー

口径82mm　倍率32倍
実視界2.2°　見かけ視
界70°　ひとみ径2.6mm
最短合焦距離20m　高さ
150×幅240×厚さ430mm
重量6200g

フジノン
40×150ED SX

口径150mm　倍率40倍
実視界2.7°　見かけ視界
68°　ひとみ径3.75mm
アイレリーフ15mm　高
さ962×幅365mm　重量
18500g

双眼鏡のメンテナンス

　星空観察をすると、夜露やほこりが双眼鏡に付きます。また、双眼鏡をのぞく際に接眼部に脂が付いたり、アイシャドーが付いたりします。これらは拭き取るなどして自分でクリーニングをすることができます。つねに最良の状態で双眼鏡が使えれば、より美しい星空を観察することができます。

　落としたり、強い衝撃で壊れたり、光軸がずれてしまった場合などについては双眼鏡メーカーに相談し、ときには修理が必要な場合もありますが、ふだんのメンテナンスは自分でできるのです。

　今回は、量販店で購入できるクリーニングキットを使った双眼鏡清掃の手順を、(株)ビクセンの技術者に教えていただきました。

　クリーニングを始める前に、石鹸などで手指をきれいに洗います。とくに指の油脂分をしっかり洗い流しましょう。

　準備ができたら、クリーニングを始めます。まず、双眼鏡の筐体が汚れたりほこりが付いている場合には、タオルで拭いたり、毛足の柔らかいブラシで清掃をします（①）。また、レンズ

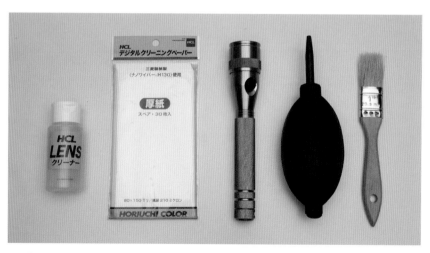

双眼鏡のクリーニングに必要なグッズ。左から、液体クリーナー、クリーニングペーパー、ライト、ブロアー、ブラシ。

138

の表面の砂ぼこりなどをブロアーで吹き飛ばします（②）。ブロアーは、斜め上から行なうと効果的です。万が一、砂ぼこりが付いたままペーパーで表面をこすると傷の原因になってしまいますから、念入りに行ないましょう。

次に、ペーパーにクリーナーを多めに（5〜6滴）付けて（③）、対物レンズをぐるりとひと拭きします（④）。このときの動きは、中央からららせん状に外側へ移動させるようにします。この工程で砂ぼこりが残っていると、傷が付く原因になってしまいます。

仕上げは、ペーパーに少量（2〜3滴）のクリーナーを付け、先ほどと同じように中心部からせん状に丁寧に拭き取ります（⑤）。このとき、勢いよく動かすのでなく、優しくゆっくりとむらの残らないように行います。とくに外枠との境目をていねいに行ないましょう。まだ拭きむらがあったなら、新たなペーパー面で繰り返し行ないます。拭きむらは、レンズの向きを変えると反射して見えるものです。ライトを当

双眼鏡の筐体をきれいにする

ブロアーでほこりを吹き飛ばす

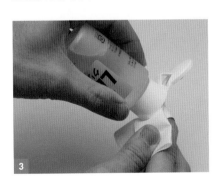

クリーナーをペーパーに付ける

対物レンズをぐるりと拭く

5

拭きむらがないように拭き取る

6

ライトで拭きむらがないか確認する

7

接眼部の汚れを拭き取る

8

接眼レンズをぐるりと拭く

9

拭きむらがないように拭き取る

10

ライトで拭きむらがないか確認する

ててむらがないか確認するとよいでしょう（⑥）。もしも拭きむらがあった場合には、もう一度⑤を行ないます。

　次は接眼部のクリーニングです。接眼部の枠に目の周りの油脂やアイシャドーなどが付いていたら、ペーパーで拭き取ります（⑦）。頑固な汚れはクリーナーを使いましょう。

接眼レンズのクリーニングは、対物レンズと同じように行ないます（⑧⑨⑩）。

レンズを拭くときのポイントは、指だけを回すのでなく双眼鏡も少々回してやることです。こうすると拭きやすいので、練習してみてください。

なお、双眼鏡のラバーなどは揮発性のクリーナーで拭くと溶ける原因になるので、タオルなどで丁寧に拭いてください。また、頑固な汚れの場合には、

水を含ませたタオルをよく絞って拭いてください。

双眼鏡は衝撃に弱いので、丁寧に取り扱いましょう。また、夏場などは暑くなる車内などに放置しないでください。日の当たる場所に置いておくと火災の原因にもなりかねませんので、ケースに入れて保管します。

COLUMN
ペーパーの折り方

クリーニングに使うペーパーはそのまま使うのではなく、折って使います。
まずペーパーを1枚取ります（①）。これを二つ折りにし（②③）、人差し指と中指で押さえ、親指側に返します（④）。

人差し指の先の部分にペーパーを付け、クリーナーを付けて拭きます（⑤⑥）。レンズに当たる面を変えれば、1枚のペーパーで5〜6回拭くことができます。

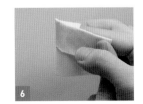

おわりに

　2017年、北アメリカを横断する皆既日食が起き、日本から大勢の方々が観測に出かけました。私は160名近くの方の参加する観測ツアーのインストラクターとしてオレゴンの砂漠に出かけ、見事日食観測に成功しました。そのようなツアーを催行するときには、ほぼ1年前に現地調査に出かけます。

　その調査の折、このシリーズの出版の企画が立ち上がりました。そして企画の検討を始めてから3年を経て、ついにシリーズを書き上げることができました。

　この「星を楽しむ」シリーズは、私の天文観測人生の集大成です。台長を務めている星の村天文台でお客さまに星をお見せしたり、ツアーにお連れして一緒に楽しんだりしながらも、これらの本の執筆をしていました。

　校了直前まで、深夜まで執筆と編集を続けていました。本を一冊仕上げるにはたくさんの方々の手がかかっています。上京して編集部で作業する際は、当然のように副台長を務める息子や台員に天文台は任せます。深夜までおよぶ作業ですが編集室の雰囲気が大好きになりました。

　また、その日の作業を終え、宿泊しているホテルにもどる道筋で、都会の街明かりにも負けずに光り輝いている星ぼしの美しさにも足が止まり、しばし星空観察を楽しみました。

　あらためて気付いたことがあります。田舎にあるうちの天文台では、ライトが

ないと歩けないほど真っ暗なところで星空を見上げています。その経験ばかりを長年重ねてきた私には、高層ビル街に輝く1個の星でさえ、とても美しく気高く見えたのです。

　オリオン座のベテルギウスは、最近では超新星爆発を引き起こすのではないかなどと取りざたされています。いろんな方々が注目しているベテルギウスは、高層ビル群の赤い点滅するランプに負けそうな感じにも見えます。そう思いながら見ていると、ベテルギウスに「がんばれ！」とエールを送りたくなります。

　さて、「星を楽しむ」シリーズは、本書でいったん完結します。これまでお世話になりました方々に感謝申し上げます。

　長いようでも短いようでもあった執筆も終わったことですし、どこか温泉にでも行って露天風呂で星空を見ることにしましょうか。

　この本を読んでくださった皆さんも、どこかで印象が残るような場所で、ぜひ星空観察をして、星の美しさ楽しさをお楽しみください。そして福島県に来たときには、どうぞうちの星の村天文台にもお立ち寄りください。

2020年2月

星の村天文台台長　大野裕明

大野裕明 おおの ひろあき

福島県田村市星の村天文台・台長。18歳から天体写真家・藤井旭氏に師事。以降、数多くの天体現象を観測。また、多数の講演なども行なっている。また、皆既日食やオーロラ観測ツアーでコーディネイターを務める。おもな著書に『星雲・星団観察ガイドブック』『プロセスでわかる天体望遠鏡の使いかた』『星を楽しむ天体望遠鏡の使いかた』『星を楽しむ 星空写真の写しかた』『星を楽しむ 天体観測のきほん』『星を楽しむ星座の見つけかた』（いずれも誠文堂新光社刊）などがある。

榎本 司 えのもと つかさ

天体写真家。星空風景から天体望遠鏡でのクローズアップ撮影、タイムラプス動画まで、さまざまな天体写真撮影に取り組み、美しい星空を求めて海外遠征も精力的に行なう。天文誌への写真提供や執筆活動で活躍中。おもな著書に『デジタルカメラによる月の撮影テクニック』『PHOTOBOOK 月』『星を楽しむ天体望遠鏡の使いかた』『星を楽しむ 星空写真の写しかた』『星を楽しむ 天体観測のきほん』『星を楽しむ星座の見つけかた』（いずれも誠文堂新光社刊）がある。

撮影協力

株式会社ビクセン
株式会社サイトロンジャパン
シュミット
株式会社高橋製作所
スターベース東京
株式会社ケンコー・トキナー
協栄産業株式会社
株式会社笠井トレーディング
興和株式会社
キヤノンマーケティングジャパン株式会社
株式会社ニコン イメージングジャパン
ライカカメラジャパン株式会社
カールツァイス株式会社

月、星、彗星、星雲・星団、星座をめぐって星空さんぽ

星を楽しむ 双眼鏡で星空観察

2020年2月17日　発　行　　　　　　　　　　　　NDC440

著　者　大野裕明、榎本 司
発行者　小川雄一
発行所　株式会社 誠文堂新光社
　　　　〒113-0033　東京都文京区本郷3-3-11
　　　　（編集）電話　03-5805-7761
　　　　（販売）電話　03-5800-5780
　　　　https://www.seibundo-shinkosha.net/
印刷所　株式会社 大熊整美堂
製本所　和光堂 株式会社

©2020, Hiroaki Ohno, Tsukasa Enomoto.
Printed in Japan

写真・図版協力

西條善弘、渡辺和郎

モデル

高砂ひなた
（サンミュージックプロダクション）

撮影

青柳敏史

アートディレクション

草薙伸行
（Planet Plan Design Works）

デザイン

蛭田典子、村田 亘
（Planet Plan Design Works）